ommunication

全国**信息通信专业**咨询工程师继续教育培训系列教材

丛书主编 张同须 侯士彦

IT 支撑系统与关键技术

崔海东 倪晓熔 石启良 唐向京 乔爱锋 王小鹏
杨巧霞 牛保同 刘清宇 赫红宇 赵泓 著

IT SUPPORT SYSTEM OF
TELECOM CARRIER
AND ITS KEY TECHNOLOGIES

U0321981

人民邮电出版社
北 京

图书在版编目（ＣＩＰ）数据

IT支撑系统与关键技术 / 崔海东等著. -- 北京：
人民邮电出版社，2016.7
　　全国信息通信专业咨询工程师继续教育培训系列教材
　　ISBN 978-7-115-41781-7

　　Ⅰ. ①I… Ⅱ. ①崔… Ⅲ. ①通信网－计算机管理系
统－继续教育－教材 Ⅳ. ①TN915

中国版本图书馆CIP数据核字(2016)第089452号

内 容 提 要

　　电信运营商的 IT 支撑系统主要由面向客户服务和业务管理的业务支撑系统（BSS）、面向通信网络管理的运行支撑系统（OSS）、面向企业内部管理的管理支撑系统（MSS）等组成。本书介绍了电信运营商 IT 支撑系统的概念、标准、基础技术，阐述了运营商 IT 支撑系统的目标架构及演进策略，并分别介绍了三大 IT 支撑系统的主要功能、系统组成等。同时介绍了电信运营商发展大数据的优势、大数据关键技术及应用场景，以及电信运营商大数据平台定位、目标架构、发展思路等内容。结合电信运营商 IT 支撑系统在基础设施层面的云化进程，分析了电信运营商在云计算发展过程中遇到的问题，提出了运营商云资源池发展目标和策略。

　　本书是全国信息通信专业咨询工程师继续教育培训系列教材的 IT 支撑系统部分，也可作为通信行业广大管理人员、技术人员及其他从业人员的参考学习资料。

◆ 著　　　　崔海东　　倪晓熔　　石启良　　唐向京　　乔爱锋
　　　　　　王小鹏　　杨巧霞　　牛保同　　刘清宇　　赫红宇
　　　　　　赵　泓
　　责任编辑　牛晓敏
　　责任印制　彭志环

◆ 人民邮电出版社出版发行　　北京市丰台区成寿寺路 11 号
　　邮编　100164　　电子邮件　315@ptpress.com.cn
　　网址　http://www.ptpress.com.cn
　　固安县铭成印刷有限公司印刷

◆ 开本：700×1000　1/16
　　印张：9　　　　　　　　　　2016 年 7 月第 1 版
　　字数：182 千字　　　　　　2016 年 7 月河北第 1 次印刷

定价：49.00 元

读者服务热线：(010)81055488　印装质量热线：(010)81055316
反盗版热线：(010)81055315

全国信息通信专业咨询工程师继续教育培训系列教材

编 委 会

主任委员

> 张同须　中国移动通信集团设计院有限公司院长

副主任委员

> 侯士彦　中国移动通信集团设计院有限公司副总工程师

委　员

> 颜海涛　中国移动通信集团设计院有限公司规划所副所长
> 《信息通信市场业务预测与投资分析》编写组组长
>
> 高军诗　中国移动通信集团设计院有限公司有线所副所长
> 《光通信技术与应用》编写组组长
>
> 高　鹏　中国移动通信集团设计院有限公司技术部总经理
> 《无线通信技术与网络规划实践》编写组组长
>
> 吕红卫　中国移动通信集团设计院有限公司网络所所长
> 《核心网架构与关键技术》编写组组长
>
> 崔海东　中国移动通信集团设计院有限公司采购物流部总经理
> 《数据与多媒体网络、系统与关键技术》编写组组长
> 《IT 支撑系统与关键技术》编写组组长
>
> 侯士彦　中国移动通信集团设计院有限公司副总工程师
> 《通信电源供电及节能技术》编写组组长

陈　勋　中国联通网络技术研究院规划部主任
　　　　《信息通信市场业务预测与投资分析》编写组副组长

曾石麟　广东省电信规划设计院有限公司北京分院技术总监
　　　　《信息通信市场业务预测与投资分析》编写组副组长

沈艳涛　中国移动通信集团设计院有限公司有线所咨询设计总监
　　　　《光通信技术与应用》编写组副组长

王　云　广东省电信规划设计院有限公司综合通信咨询设计院副院长
　　　　《光通信技术与应用》编写组副组长

魏贤虎　江苏省邮电规划设计院有限责任公司网络通信规划设
　　　　计院副院长
　　　　《光通信技术与应用》编写组副组长

陈崴嵬　中国联通网络技术研究院网优与网管技术研究部主任
　　　　《无线通信技术与网络规划实践》编写组副组长

曾沂粲　广东省电信规划设计院有限公司电信咨询设计院院长
　　　　《无线通信技术与网络规划实践》编写组副组长

单　刚　华信咨询设计研究院有限公司副总工程师
　　　　《无线通信技术与网络规划实践》编写组副组长

甘邵华　中讯邮电咨询设计院有限公司郑州分公司交换与信息部总工程师
　　　　《核心网架构与关键技术》编写组副组长

彭　宇　华信咨询设计研究院有限公司移动设计院副院长
　　　　《核心网架构与关键技术》编写组副组长

余永聪　广东省电信规划设计院有限公司电信咨询设计院总工程师
　　　　《核心网架构与关键技术》编写组副组长

丁亦志　中国移动通信集团设计院有限公司网络所高级咨询设计师
　　　　《数据与多媒体网络、系统与关键技术》编写组副组长

倪晓熔　中国移动通信集团设计院有限公司网络所资深专家
　　　　《IT 支撑系统与关键技术》编写组副组长

刘希禹　中讯邮电咨询设计院有限公司原电源处总工程师
　　　　《通信电源供电及节能技术》编写组副组长

程劲晖　广东省电信规划设计院有限公司建筑设计研究院副院长
　　　　《通信电源供电及节能技术》编写组副组长

序 言

作为曾在邮电通信战线战斗过的老兵，受通信信息专业委员会之邀为全国信息通信专业咨询工程师继续教育培训系列教材作序，欣然之情溢于言表。

2015年8月，中国工程咨询协会启动了咨询工程师继续教育，这是工程咨询行业的一件大事，对于加强咨询工程师队伍建设，完善咨询工程师职业资格制度，促进工程咨询业健康可持续发展将发挥重要作用。

工程咨询是以技术为基础，综合运用多学科知识、工程实践经验、现代科学和管理方法，为经济社会发展、投资建设项目决策与实施全过程提供咨询和管理的智力服务。作为工程咨询的从业人员，咨询工程师需要具备广博、扎实的经济、社会、法律、技术、工程、管理等领域的理论知识和实践经验。随着我国经济社会的快速发展和改革开放的不断深入，国家及地方投资建设领域新的政策、法规、规范标准不断出台，工程咨询相关领域的新理论、新技术、新方法层出不穷，这些都要求咨询工程师努力适应日新月异的形势和市场变化，与时俱进，不断学习、掌握、了解各类新事物，为经济社会发展和各类投资主体提供更优质的、专业化的服务。

为配合行业继续教育的开展，中国工程咨询协会通信信息专业委员会以高度负责的精神，组织通信信息全行业的专家、精英，倾力编写出通信信息专业咨询工程师继续教育培训系列教材，内容全面、充实，反映了通信信息行业在技术、投资咨询等领域最新发展成果和未来发展趋势，对提高通信信息专业咨询工程师专业素质和能力必将起到积极作用。在此我对通信信息专委会和参与编写教材的专家学者表示衷心的感谢，对你们所取得的成果表示祝贺。

　　咨询工程师队伍的素质和能力，决定着工程咨询的质量和水平，以及工程咨询业在经济社会发展中的地位。希望全国广大咨询工程师牢固树立终身教育的理念，积极参加继续教育，不断提高自身素质和能力，努力把工程咨询业发展成为学习创新型行业，真正成为各级政府部门和各类投资主体的智库和参谋。

中国工程咨询协会会长

2016 年 1 月

前　言

为建立健全咨询工程师（投资）职业继续教育教材体系，满足通信专业咨询工程师参加继续教育的需要，受中国工程咨询协会委托，中国工程咨询协会通信信息专业委员会组织编写了全国信息通信专业咨询工程师继续教育培训系列教材。该教材作为通信行业咨询工程师继续教育的专业培训用书，为本行业咨询工程师参加继续教育培训提供了必要的帮助。

全国信息通信专业咨询工程师继续教育培训系列教材共分 7 册：《信息通信市场业务预测与投资分析》、《光通信技术与应用》、《数据与多媒体网络、系统与关键技术》、《核心网架构与关键技术》、《IT 支撑系统与关键技术》、《无线通信技术与网络规划实践》、《通信电源供电及节能技术》。本系列教材丛书出自通信行业各类专家之手，既有较深入的技术探讨，也有作者多年的最佳实践总结。课程内容紧密结合了工程咨询业务的实际需要，从体现更新知识、提高职业素质和业务能力的原则出发，尽量使教材内容具有一定的前瞻性，突出了内容的新颖和实用，平衡了基础知识与新技术更新方面的内容比例，使课程内容做到与公共课程的衔接，避免了内容重复交叉，且结合本专业特点对公共课相关内容加以细化、深化和延伸。

本系列教材的编写从起草到修编历时 6 年，历经国家相关政策的多次调整，在行业专业委员会各委员单位和行业专家的积极推动和鼎力支持下，终于出版了。广大通信行业咨询设计从业人员藉此有了一个更便捷的学习平台。在此我们要感谢中国工程咨询协会和中国通信企业协会通信建设分会相关领导和同志们的关心与指导，还要特别感谢所有参编单位的大力支持！他们是：中国移动通信集团设计院有限公司、广东省电信规划设计院有限公司、中讯邮电咨询设计院有限公司、江苏省邮电规划设计院有限责任公司、华信咨询设计研究院有限公司。

为传播优秀经验，推广创新技术，我们与人民邮电出版社合作出版此系列教材，希望此教材能为行业从业人员在职业生涯发展上提供一定的帮助与支持，为我国信息通信行业的大发展做出更大的贡献！

再次感谢积极组织、参加教材编写的各位领导和专家，感谢您们长期以来对中国工程咨询协会通信信息专业委员会广大会员的支持与关爱。相信在大家的共同努力下，我国信息通信事业的发展会取得更大的进步！

张同颂

中国移动通信集团设计院有限公司

中国工程咨询协会通信信息专业委员会

2016 年 1 月

目　录

第1章
IT 支撑系统基础

1.1 IT 支撑系统概述

1.1.1 IT 支撑系统的作用与意义

电信运营商的 IT 支撑系统主要由面向客户服务和业务管理的业务支撑系统（Business Support System，BSS）、面向通信网络管理的运行支撑系统（Operation Support System，OSS）以及面向企业内部管理的管理支撑系统（Management Support System，MSS）等组成。

BSS 是电信业务运营和管理、客户服务的支撑平台，承载业务流程，匹配组织结构、支撑企业战略、实现运营目标。

OSS 以客户和市场为导向，建立面向各专业或全专业的故障管理平台、告警监控平台、性能分析平台、安全管理平台等，实现快速响应客户、加速业务开通、提高运维效率的目标。

MSS 通过在整个企业范围内建设 OA 平台、ERP 系统、供应链管理系统等，构建企业范围内的信息化平台，支持企业内部改革、业务流程重组和管理流程再造，实现管理模式改进以及资源共享和高效利用，从传统管理向现代管理过渡。

电信企业的 IT 支撑系统最早是作为企业生产工作的支撑工具，IT 基本属于"生产工具"的范畴，是人工劳动的一种替代和延伸。但是随着 IT 的发展和企业活动与 IT 关系的演变，IT 的这种属性也在发生巨大的变化。作为工具属性的一面在 IT 的作用中所占的比例越来越低，IT 直接作为企业"生产力"而发挥重要作用，数据、流程、应用构筑起企业的 IT 神经网络，IT 已经成为企业核心生产力的有机组成部分之一。

电信企业的 IT 支撑系统是提高企业的管理水平、对客户的服务水平、通信网络质量的重要技术平台，电信企业的竞争在很大程度上依赖于企业 IT 支撑系统的水平。在电信转型的进程中，随着网络 IP 化、业务多元化以及服务模式差异化和盈利模式多样化的新趋势，电信运营商在发展过程中面临着提供综合信息服务和运营的重大课题，而 IT 支撑系统将成为电信成功转型、提升综合信息服务和运营能力的有力保证。

1.1.2　IT 支撑系统的发展及趋势

1.1.2.1　IT 支撑系统的发展过程

IT 支撑系统的发展是逐步递进、不断深化、不断完善的过程。

（1）IT 产品化

这个阶段的主要特征是计算机的大规模应用和普及，并逐步替代大量人工重复劳动，此时的 IT 建设主要表现在购买 IT 产品上。处于这个阶段的企业对计算机有了一定的了解，但对于 IT 到底能给企业带来哪些好处，解决哪些问题，并不十分清楚，很容易出现盲目购机、盲目定制开发软件的现象，缺少统筹和规划，因而应用水平不高，IT 的整体效用无法突显。

（2）IT 系统化

企业在不断发展，业务部门、分支机构的数量也在急剧增加，信息在组织内迅速、准确传播的需求与企业落后的 IT 建设之间的矛盾日益突出。信息实时传递和共享需求日益迫切，而网络的建设成为解决问题的关键，企业考虑采用 IT 手段加大内控能力，降低运作的风险和成本。在这一阶段，企业虽然实现了网络化、办公自动化，但各个部门之间、各应用系统之间还存在着"部门壁垒"、"信息孤岛"的问题。信息化建设呈现单点、分散的特征，系统和资源利用率不高。

（3）IT 集中化

目前我国的绝大多数行业都正处在向着这个阶段迈进的过程中。通过前期信息化建设，企业积累了大量异构的系统，绝大多数的有效信息分散在各个独立的终端、服务器中，无法相互协同调用，成为业务瓶颈；分散的数据、异构的系统，难以实现管理的集中，难以高效地支撑起风险控制、产品经营、快速市场响应等需求。因此，"集中化"是打破"部门壁垒"，消除"信息孤岛"，支撑企业发展进入全新阶段的必需的 IT 建设方式。

（4）IT 集成化

IT 系统越来越复杂，系统的各功能模块往往是由多个不同的专业厂商提供的，很难由一个厂商提供所有的功能模块；只有选择一个灵活的整合平台，才能把所有系统都无缝地集成起来，使支撑系统作为一个整体发挥最大的效力。基于公共总线技术的整合平台，采用面向对象的组件技术，通过集成，实现新的模块可以很快、很方便地加入，新的业务可以很快推出，用户需求响应能力也可以快速提高。

（5）IT 资源化

到了这一阶段，信息系统已经可以满足企业各个层次的需求，从简单的事务处理到支持高效管理的决策。企业真正把 IT 同管理过程结合起来，将组织内部、外部的资源充分整合和利用，从而提升企业的竞争力和发展潜力。

1.1.2.2 IT 支撑系统的发展趋势

IT 支撑系统是电信运营商资源的重要组成部分，是运营商差异化竞争的关键因素。IT 支撑系统的发展必须因时而变，更新自身角色，从支撑者转变为驱动者，全面提升企业的 IT 能力，驱动运营商更好、更快地发展。

（1）IT 支撑系统的角色需要更新

对于电信企业，有效利用互联网技术，构建合理的 IT 支撑系统，是提升企业的管理和服务水平，降低成本，提高企业的效益和竞争力，实现企业集约式经营的最有效的手段。IT 系统也在"支撑"的角色定位下，形成了企业的 IT 核心能力。

当前的电信运营商正在向着打造更好的客户响应能力、客户体验能力的方向发展，电信运营商的运作和管理按照市场经济的基本规律，从"以网络为中心"向"以业务和服务为中心"、"以用户为中心"转变。在这场转变中，IT 将成为企业业务的"驱动者"，IT 支撑系统应能创新业务产品、创新业务流程、创造新的业务商业模式。因此，IT 支撑系统的建设就需要更加注重业务运营、注重客户体验，避免过去的以功能实现为中心、以资源为中心的倾向。

（2）IT 支撑系统的功能需要演进

在全业务运营时代，IT 支撑系统需要全面提升能力。当前各种基本业务和增值业务的外延不断扩大，产业的边界更加模糊，产业的中心化态势日益明显。IT 支撑系统需要增强产业链掌控功能，不断增强业务综合运营工作的主动性、持续化以及多部门、多专业协作，需要 IT 支撑系统增强深度运营功能。IT 支撑系统还需要具备全业务支撑功能，全业务支撑对电信运营企业的 OSS 和 BSS 提出了更高要求，只有全面提升的 IT 支撑系统才能对全业务环境下的网络融合、终端融合、业务融合和运营融合提供有力支持。

（3）IT 支撑系统的架构需要优化

具有复杂功能的 IT 支撑系统需要有效的架构设计。移动互联网时代，IT 支撑系统将向云计算新技术转移，推动企业数据融合，打造大数据平台，提升集中化的支撑能力。IT 支撑系统需保持框架结构的先进性，构建高扩展、高性能、高可靠的云化系统，提升系统的实时性，实现架构开放性、标准化与集成能力，提升弹性扩展能力。

（4）IT 支撑系统建设需要进一步集中化

IT 支撑系统的规划与建设需要加强整体性。面向用户和业务的功能，要求各种流程能够穿越 BSS、OSS 和 MSS 的边界，而端到端的业务和用户支持要求充分的数据共享和协作。电信运营企业需要从一盘棋的角度审视 IT 系统，打破职责围墙。

已有的实践表明，IT 支撑系统的集中化建设能够大幅度降低企业的运营成本，真正实现高水平的客户服务，提供低成本的服务产品。在进一步重构 IT 系统的组织架构和流程基础上，将 IT 系统进一步集中化，集中企业的组网能力、支撑能力、服务能力和创新能力，实现企业 IT 能力的重点突破。

1.2　NGOSS 与 eTOM

1.2.1　NGOSS

近年来，互联网技术特别是软件技术和软件工程方法论对运营支撑系统的发展演进提供了巨大的推动力。其中电信管理论坛（TMF）的 NGOSS 研究计划是 IT 新技术的集大成者，几乎所有知名的 IT 标准化组织和软件工程组织的成熟研究成果都被吸纳与借鉴过来，形成了自己独特而又独到的一套方法和标准，推动了下一代运营支撑系统的研究、开发和商用工作。

NGOSS 即新一代电信运营支撑系统，随着相关规范的不断细化和完善，这些规范包含的思想方法、设计原则已被业界普遍认可，NGOSS 的成果也被越来越多的服务提供商和支撑系统开发商采纳，用于开发更适合当前需要的支撑系统。

1.2.1.1　NGOSS 的背景和概念

国际电信联盟（ITU）的电信管理网（TMN）模型具有高度抽象的特点，从以往的经验来看，TMN 模型简单，但是实现起来却很复杂。在这种背景下，电信管理论坛提出了 NGOSS。NGOSS 是研究人员从电信运营企业的核心业务流出发，通过彻底分析业务流程以及研究支撑系统建设的相关技术，从而提出的一整套能够完全支撑电信业务，并能在业务变化过程中平滑过渡的支撑系统的建设框架。在网络技术和计算机技术的驱动下，NGOSS 成为适应新时期电信运营商需求的解决方案，NGOSS 提出的一系列文档、信息模型和方法，能够帮助开发人员迅速开发支撑系统，完善日益复杂的电信支撑系统，使支撑系统的设计开发进入一个崭新领域。

1.2.1.2　NGOSS 的特点

为适应运营管理的发展趋势，使支撑系统满足日益发展变化的市场需要，NGOSS 具有以下几方面特点。

NGOSS 是一个有机的、完整的支撑体系。新一代运营支撑系统涵盖了企业生产经营、网络运维、企业管理等各个层面，为企业的运营提供有效且完整的技术支持。运营支撑系统是一个有机的整体，它不是企业内各支撑系统的简单叠加，而是通过特定的规则和流程将各个层面的支撑系统组织起来的一个企业支撑体系。

NGOSS 具备智能化的特征。通信市场变化的速度要远远超过支撑系统软件升级的速度，因此要求运营企业支撑系统必须具备足够的智能功能，保证系统能够灵活快速地升级和完善。同时，市场营销、网络管理、经营决策等工作也需要支撑系统的智能化支持。

NGOSS 充分体现"以客户为中心"的思想。面向市场、面向客户的支撑系统才能真正有效地支撑企业的运营，才能发挥系统应有的作用。服务客户的重点内容就是为客户提供个性化的服务，给客户更多的选择，满足其独特的要求。只有保证客户的充分参与，才能真正体现"以客户为中心"的思想。

与电子商务技术相结合。互联网的迅速发展与应用，使得电子商务向支撑系统一步步渗透，它使电信运营企业的生产经营和运维管理的方式发生变革，网上营业厅、电子支付等将成为电信服务的主流方式。

1.2.1.3　NGOSS 基本建设思想

（1）"流程优先"指导思想

企业的运营过程不仅包括运营商内部的业务流程，还包括运营商与用户、运营商与其他运营商的协作等业务流程，因此 NGOSS 的业务过程流并不局限于运营商本身的范围。以往支撑系统的设计仅仅满足一个部门或者一种业务的需要，而新一代电信运营支撑系统立足于企业整体高度，克服了数据无法共享、部门工作难以协调、软件修改速度赶不上业务流程变化等难题。

（2）"平台"与"组件"

NGOSS 中包含平台的概念，该平台上的系统不再孤立，而是通过业务经营和管理流程关联在一起，平台上所有子系统对需要实现的每个应用都是透明的，既没有技术上的差别，也没有地域上的划分，仅相当于平台上的多个功能组件。平台上多个组件通过不同的流程关联在一起，形成不同的应用，实现业务从开发、应用到退出市场的整个生命周期的管理。

NGOSS 通过从组件中剥离业务过程流而使组件成为功能实体，这使组件开发变得更容易，系统灵活性也更高。这种过程控制能力，使系统对单独的组件开发要求，转变为对过程控制的业务逻辑要求。需要改变业务过程流时，组件只需完成公共协议中定义的接口功能，应用组件不需要修改，可以重新利用。在上述平台上，符合 NGOSS 体系的组件都可实现"即插即用"，只要组件满足平台上的接口规范就可以接入平台。组件可大可小，可以是计费模块、客服模块、传输网网管模块等，也可以是用户地址显示模块、用户总费用计算模块等。

（3）公共总线结构

当支撑系统变得越来越复杂时，点对点的系统集成结构在面对众多子系统时显得难以维护和扩展（因为每个业务都要有面向其他系统的接口）。公共总线结构对应用系统的互连采用的不是一对一的直接连接方式，而是采用一些先进的结构和软件技术实现总线的连接。NGOSS 中交换的数据量越大，越需要公共总线，于是公共总线结构的体系架构应运而生。使用公共总线结构构建 NGOSS，可以使 NGOSS 具有组件之间相对独立、整个平台稳定可靠、系统有扩展性和灵活性、高效整合数据、高效整合业务流程、适用于各种应用和不同硬件环境等特点。

1.2.2 eTOM

1.2.2.1 eTOM 的概念

eTOM（enhanced Telecom Operation Map，增强的电信运营图），是电信管理论坛制订的一个针对电信企业业务过程的标准，是由世界上众多电信运营商、软件开发商、系统集成商和通信设备提供商根据实践提炼、总结出来的一套适用于电信行业的业务过程框架，是对电信企业业务活动和经营行为的抽象和归纳，是电信行业标准。

eTOM 从业务的视角对电信企业的经营活动进行了整体描述，将企业环境分为三个部分，分别是战略、基础设施和产品过程域（Strategy、Infrastructure and Product，SIP）、运营过程域（Operation Processes，OPS）和企业管理过程域（Enterpise Management，EM）。

- 战略、基础设施和产品过程域：指导和使能运营过程域，包括策略的开发、基础设施的构建、产品的开发和管理、供应链的开发和管理。

- 运营过程域：是 eTOM 的核心，既包括日常的运营支撑过程，如从前台到后台的开通、保障和计费端到端的流程组，也包括为这些运营支撑提供条件的准备过程以及销售管理和供应商 / 合作伙伴关系管理。

- 企业管理过程域则包括运作和管理一个大型企业所需要的基本业务过程。

1.2.2.2　eTOM 发展背景

eTOM 源自 TOM（Telecom Operations Map），TMF 在对 NGOSS 的研究过程中，首先提出了 TOM 模型。TOM 侧重电信运营行业的服务管理业务流程模型，关注的焦点和范围是运营和运营管理。由于企业在业务中使用互联网，从而产生电子商务的需要，因此仅仅关注运营管理的 TOM 已显出极大的局限性。TOM 没有充分分析电子商务对商业环境、业务驱动力、电子商务流程集成化要求的影响，也没有分析日渐复杂化的服务提供商的业务关系。因此，TMF 的成员们很久以来就想把 TOM 扩展为全企业业务流程框架，利用电子商务和互联网的机会，已成为当今环境下取得成功的关键。于是 TMF 组织发达国家的电信运营商、设备制造与供应商、软件系统开发商、研究机构等的专家、学者编写了电信运营行业的业务流程框架。eTOM 把 TOM 扩展到整个企业架构，并阐述了电子商务的影响，但 TOM 仍然处于 eTOM 业务流程框架的核心。eTOM 包括与业务流程框架有关的很多观念，如企业流程（Enterprise Processes）、电子商务激活（eBusiness Enabled）、扩展的（Expanded）每事（Everything）、每处（Everywhere）、每时（Every time）等。

eTOM 模型是一个与组织结构、技术、业务都无关的过程控制框架模型，对任何希望建造适合自己企业的电信运营支撑系统的电信运营商来说都具有指导意义。可以说，eTOM 是电信服务提供商运营流程实际依照的行业标准和国际规范。

1.2.2.3　eTOM 业务过程框架

对大量内容和细节进行组织的最好方法就是以多个层次或层面构建信息，这样层面高的视图代表概要视图，每一高级层面视图可以分解成更详细的低一级层面视图，即层次结构分解。把 eTOM 划分成多级层面，框架应用者可以参照 eTOM 不同的框架层面安排其企业框架或流程实施。

（1）eTOM Level 0 视图

eTOM Level 0 视图（又称概念层框架）对服务提供商的企业环境进行了整体的描述，如图 1-1 所示。

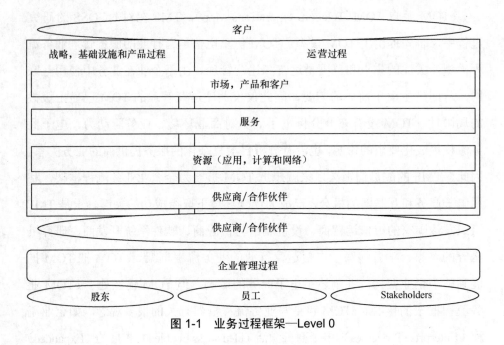

图 1-1　业务过程框架—Level 0

除了 SIP、OPS、EM 这三个主要的范围，eTOM 又分为 4 个水平的层次：市场、产品和客户过程（Market，Product and Customer）、服务过程（Service）、资源过程（Resource）、供应商 / 合作伙伴过程（Supplier/Partner）。

市场、产品和客户过程：这些过程包括销售和渠道管理、营销管理、产品和定价管理，以及客户关系管理、问题处理、SLA 管理、计费等。

服务过程：这些过程包括业务的开发和配置、业务问题管理和质量的分析，以及业务使用量的计费等。

资源过程：这些过程包括企业的基础设施的开发和管理，无论这些设施是为产品提供支持还是为企业本身提供支持。

供应商 / 合作伙伴过程：这些过程处理企业与其他提供商和合作伙伴的交互，既包括支持产品和基础设施的供应链管理，也包括与其他提供商和合作伙伴之间关于日常运营接口的管理。

另外，该图中还包括与企业交互的主要实体：客户、提供商 / 合作伙伴、雇员、股东、Stakeholders，其中 Stakeholders 与企业之间具有承担义务的关系而不是股票所有权的关系。

（2）eTOM Level 1 *视图*

为了反映出强调业务驱动和以客户为中心，eTOM 支持两种不同的视图细化和分组业务过程。

垂直的过程分组：描述了端到端的过程，如整个的计费流程所涉及的过程。

水平的过程分组：描述了面向功能的过程，如管理供应链所涉及的过程。

根据这两个视图，Level 0 视图可进一步被细化为 Level 1 视图，如图 1-2 所示。在 Level 1 视图中，运营过程和战略、基础设施和产品过程被分解为 7 个垂直的过程组和 8 个水平的过程组，而企业管理过程被分为 8 个过程组。

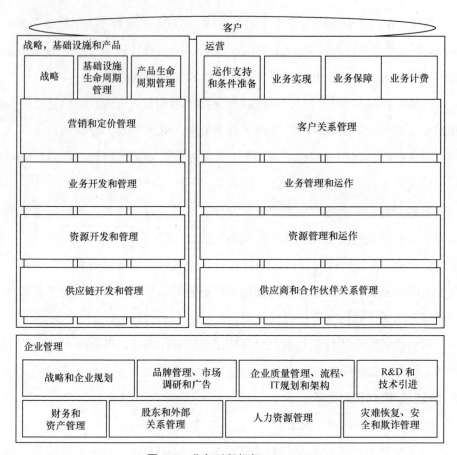

图 1-2 业务过程框架—Level 1

1.3 ITIL

1.3.1 ITIL 的概念及发展

ITIL（Information Technology Infrastructure Library，信息技术基础架构库），是英国国家计算机和电信局（CCTA）于 20 世纪 80 年代中期开始开发的一套针对 IT 行业的服务管理标准库，目前已经成为 IT 管理领域事实上的标准。

ITIL 的产生和发展经历了一个相当长的过程，这个过程大致可以划分为萌芽期、发展期和成熟期三个阶段。

萌芽期：20 世纪 80 年代中期，人们开始一边总结以前在 IT 服务方面的经验和教训，一边从质量可测量、成本可计量的原则出发，摸索提供 IT 服务的规范化方法。在世界上有关专家、组织和政府部门的共同努力下，80 年代后期至 90 年代初期，CCTA 陆续提出了按照流程组织的有关 IT 服务管理的最佳实践——一套 10 卷本的 IT 服务管理指南，这 10 本书系统地介绍了十大 IT 服务管理核心流程，这就是 ITIL V1.0。至此，人们确定了以流程为中心的 IT 服务管理方法，从 IT 服务的产生到 ITIL V1.0 版本的提出，这段时期被称为 IT 服务管理的萌芽。

发展期：ITIL 确立的以流程为中心的 IT 服务管理方法，使人们"统一了思想"、"认清了方向"。更为重要的是，ITIL 的出现，使 IT 服务管理成为了一个独立的领域，并形成一个有着巨大发展潜力的行业。从 20 世纪 90 年代初开始，IT 服务管理从萌芽期进入了发展期。在 IT 服务管理的发展期，呈现的是"百花齐放"的局面，越来越多的公司进入这个领域，人们开发了各种各样的 IT 服务管理方法。经过一系列的开发、并购和整合，针对 IT 服务管理的软件系统和解决方案越来越完善，可为客户提供越来越多的服务。

成熟期：虽然到目前为止，IT 服务管理已经取得很大的发展，但它还远未成熟。首先，有关 IT 服务管理的各种标准和方法大部分还处于实践探索中，针对 IT 服务管理的软件系统和解决方案还有待完善。

1.3.2　ITIL 的主要模块及其基本内容

ITIL2.0 版本中，ITIL 的主体框架被扩充为 6 个主要模块，即服务管理（Service Management）、业务管理（The Business Perspective）、ICT 基础设施管理（ICT Infrastructure Management）、应用管理（Application Management）、IT 服务管理实施规划（IT Planning to Implement Service Management）和安全管理

（Security Management）。

服务管理：服务管理模块是 ITIL 架构的核心模块，是 ITIL 与其他 IT 管理方法最不同的地方，即以一系列典型流程的方式对大部分 IT 管理内容进行合理划分和管理。服务管理模块由服务支持和服务提供两个子模块构成，其中服务提供由服务等级管理、IT 服务财务管理、IT 服务持续性管理、可用性管理和能力管理 5 个服务管理流程组成。服务支持由事故管理、问题管理、配置管理、变更管理和发布管理 5 个流程及服务台职能组成。

业务管理：ITIL 所强调的核心思想应该从客户（业务）而不是 IT 服务提供者（技术）的角度理解 IT 服务需求，也就是说，在提供 IT 服务的时候，首先应该考虑业务需求。业务管理这个模块就是帮助业务管理者如何利用商业思维分析 IT 问题，深入了解 ICT 基础架构支持业务流程的能力和 IT 服务管理在提供端到端 IT 服务过程中的作用，以及协助业务管理者更好地处理与服务提供方之间的关系，实现商业利益。

ICT 基础架构管理：IT 服务管理的本质也是对 ICT 基础架构的管理，只不过它采取的是一种与通常的管理方法不同的方式，即对 ICT 管理的任务标准化和模块化，然后打包成服务按需提供给客户。ICT 基础架构管理模块覆盖了 ICT 基础架构管理的所有方面，从识别业务需求、实施、部署到支持和维护基础架构，其目标是确保提供一个稳定可靠的 IT 基础架构，支撑业务运作。

应用管理：IT 服务管理包括对应用系统的支持、维护和运营，而应用系统是由客户或 IT 服务提供者或第三方开发的。IT 服务管理的职能应该合理地延伸，介入应用系统的开发、测试和部署。应用管理模块解决的是如何协调这两者一致地服务于客户的业务。

IT 服务管理规划与实施：ITIL 基本上只告诉要做什么，没有告诉如何做，因此提供一个一般性的规划和实施方法是非常必要的。IT 服务管理规划和实施模块就是用于解决这个问题，为客户如何确立远景目标，如何分析现状、确定合理的目标并进行差距分析，如何确立实施活动的优先级，以及如何对实施的流程进行评审，提供全面的指导。

安全管理：安全管理模块是 ITIL1.0 版本推出之后加入的，其目标是保护 IT 基础架构，使其避免未经授权的使用。安全管理模块为如何确定安全需求、制订安全政策和策略及处理安全事故提供全面指导。

ITIL3.0 中又进一步增加了与业务战略融合、IT 治理、ISO20000、ITIL 如何实施等有关的备受业界关注的内容。

1.4　IT 支撑系统架构

1.4.1　总体框架模型

IT 支撑系统的建设，需要从系统的建设与发展层面整体着手。基于 NGOSS 的 eTOM 蓝图，一般可对企业 IT 系统从功能、运营流程、运营数据和运营基础设施等多种角度进行总体规划。一般工程咨询、设计工作主要从功能视角考虑，此时可以建立 IT 支撑系统的 IT 能力框架。

IT 支撑系统的总体 IT 能力框架可从业务能力、技术架构和管控架构三个维度建模，如图 1-3 所示。

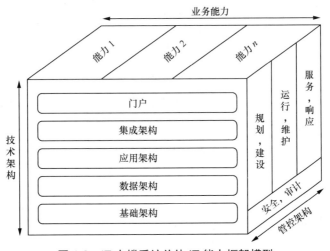

图 1-3　IT 支撑系统总体 IT 能力框架模型

业务能力：业务能力维度是指对 IT 支撑系统的 IT 功能规划，与 IT 支撑系统的定位与范围是一致的。

技术架构：技术架构是对系统技术实现的规划，包括门户、集成架构、应用架构、数据架构和基础架构等内容。

管控架构：管控架构包括应用于系统自身的 IT 服务管理，包括安全架构方面的内容。

1.4.2 IT 支撑系统技术架构

IT 支撑系统的技术架构主要包括门户、集成架构、应用架构、数据架构和基础架构的技术架构等层次的内容。

1.4.2.1 门户

IT 支撑系统的门户包括对外服务性质的门户、对内服务性质的门户和系统的维护管理门户。其中，对外服务门户包括 CRM 对外门户、网管系统为客户服务提供的门户、管理信息系统中的外部接入门户等；对内服务门户包括在业务能力范围内向企业内部提供服务的内部接入服务。

系统维护管理门户的具体设置方式与企业的管控方式设计密切相关。分离实现的门户使得用户访问不同应用时，会存在反复切换或者多次登录的现象，影响操作效率。界面交互方式和外观风格各异，用户统一感知差，而整合的门户实现单点登录和统一展现以提高交互效率。因此从长远看，对内服务门户以及系统维护管理门户可以根据使用人员数量的多少，建设成综合的接入门户，以便能更灵活地适应内部管理需要和更好地支持为用户和业务服务。

1.4.2.2 集成架构

从电信企业的 IT 系统现状来看，目前较少地建立起清晰的集成架构，各系统具体的集成方案与技术因项目而定，系统之间主要采用的还是点对点的网状接口方式（少部分系统有一定企业集成尝试）。

当前，关于企业 IT 系统的集成架构可考虑采用标准化、松耦合方式整合，最大限度重用 IT 能力，提高跨系统流程协同的灵活性和敏捷性。

1.4.2.3　应用架构

目前，各电信企业根据自身的发展规模、业务需求以及当前的技术水平，开发部署了不同的应用系统。这些应用系统在所涉及的业务数据、流程、使用对象等方面都有很大的差异。

BSS 主要实现对电信业务、电信资费、电信营销的管理，以及对客户的管理和服务的过程，主要应用系统包括计费系统、客服系统、账务系统、结算系统、营业系统以及经营分析系统等。OSS 已经得到了国内各大电信运营企业的高度重视，建设了相关的网管系统，这些系统已经成为企业核心竞争力的组成部分。MSS 是面向管理的支撑系统，狭义的 MSS 包括财务系统、人力资源系统、工程管理系统、OA 系统、电子邮件系统及企业信息门户等；广义的 MSS 除包括上述系统外，还包括基于 BSS、OSS、狭义 MSS 基础上面向管理需求的数据综合挖掘及分析系统，如企业级的运营决策支撑系统、企业工单流系统，以及包含网络资源和码号资源在内的企业资源管理系统（ERP）等。

eTOM 作为业务过程模型或框架，提供了服务提供商需要的企业过程，但 eTOM 的过程域或功能组不限制其功能与流程的实际实现。各电信企业在确定应用架构时，可以根据企业的具体情况，将 eTOM 过程分布到不同的实际管理区域中。

1.4.2.4　数据架构

最佳实践认为在企业数据方面，应建立包含 BSS、OSS、MSS 各种数据的共享统一数据视图，并且通过数据标准和数据管控实现数据的一致性。

1.4.2.5　基础架构

基础架构在技术上主要包括：网络，形成网络通信环境；主机，为应用提供计算环境；存储及备份，为应用提供存储资源。

IT 支撑系统基础架构的发展趋势是逐步"云化"，硬件平台向云计算资源池迁移。目前 IT 支撑系统在建设过程中，硬件平台普遍采用小型机加磁盘阵列的方式。随着互联网业务的发展，大量的数据存储和应用要求硬件平台具有良好的扩容能力，平台具有统一管理、调度、动态分配资源的能力。目前的系统将采用基础架构和功能实现分离的原则，逐步推进各系统的"云化"发展。

1.5　IT 支撑系统基础技术

1.5.1　EAI

1.5.1.1　EAI 的概念

EAI（Enterprise Application Integration，企业应用整合）的概念在 IT 界提出和讨论已经有多年的历史，最初谈到的 EAI，相对后来 EAI 的发展来看，可以说是一个狭义的 EAI。正如其字面上的含义"企业应用整合"，仅指企业内部不同应用系统之间的互连，以期通过应用整合实现数据在多个系统之间的同步和共享。

EAI 技术的不断发展，导致 EAI 被赋予的内涵变得越来越丰富。现在谈到的 EAI 具有更为广义的内涵，包括业务整合（Business Integration）的范畴。业务整合相对 EAI 来说是一个更宽泛的概念，是将应用整合进一步拓展到业务流程整合的级别。业务整合不仅要提供底层应用支撑系统之间的互连，同时要实现存在于企业内部应用与应用之间、本企业和其他合作伙伴之间的端到端的业务流程的管理，包括应用整合、B2B 整合、自动化业务流程管理、人工流程管理、企业门户以及对所有应用系统和流程的管理、监控等方方面面。

1.5.1.2　EAI 的技术层次

对于要实施 EAI 的企业而言，EAI 也是分层次的，但对于如何划分和规范 EAI 层次的定义，业界并没有一个统一的标准。针对不同的企业，同样叫"企业应用整合"，其内容和层次可能存在一定的差异。对于 EAI 的厂商，基于 EAI 理解的侧重点不同，可以说出不同的答案。当前从最普遍的意义上来说，比较宽泛的对 EAI 概念的理解是认为 EAI 可以包括数据集成、业务应用集成、业务流程集成、用户交互 4 个方面，具体的技术层面包括数据整合层、应用适配层、流程整合层、用户交互层。

（1）数据整合层

数据整合层要解决的是被集成系统的数据转换和消息路由问题，通过建立统一的数据模型实现不同系统间的信息转换。该层可以独立存在（早期的 EAI 只进行数据的整合），也可以作为连接应用适配层和流程整合层的桥梁。数据信息在业务流程中的流转以及在各个应用系统之间的交互必须建立在数据源和数据目的地都能理解该数据信息的基础之上。数据整合层定义了能为数据产生源、数据处理地、数据投送地都理解的信息处理规范方式、方法和规则，包括数据格式定义、数据转换和消息路由。

（2）应用适配层

应用适配层要解决的问题是被集成的应用系统与集成服务器之间的交互问题。该层主要是通过适配器技术将原有数据库系统、应用系统和原有网络服务组件封装起来，实现系统之间的互联互通。

适配器是 EAI 厂商或产品厂商为了解决系统之间的连接而开发的可重用的、统一的接口，通过该接口，每一个应用系统仅需要与业务整合平台相连，而不需要与每个与之交互的应用系统相连。适配器一般可分为 4 类：企业应用系统适配器、技术标准类适配器、主机系统适配器和自行开发适配器。

（3）流程整合层

流程整合层将不同的应用系统连接在一起，进行协同工作，并提供商业流程管理的相关功能，包括流程设计、监控和规划、实现业务流程的管理。该层对应的技术方案是 BPM，在流程整合层，通常需要各个机构在业务流程上达成一致，而且还需要一个成熟的集成基础设施，以便对现有 IT 资产进行良好的集成。

（4）用户交互层

用户交互层为用户在界面上提供一个统一的信息服务功能入口，通过将内部和外部各种相对分散独立的信息组成一个统一的整体，保证了用户既能够从统一的渠道访问其所需的信息，也可以依据每一个用户的要求来设置和提供个性化的服务。该层典型的技术方案是 Portal 技术的采用，是 EAI 与用户实现人机交互在表示层面上的扩展，涉及的内容包括展示内容的集成（门户应用）、单点登录（Single Sign On）、用户统一管理、用户认证授权管理等，现今很多 EAI 产品都提供了对用户集成这几方面内容的支持。

1.5.2　SOA

1.5.2.1　SOA 的概念

SOA（Service-Oriented Architecture，面向服务的体系结构），是一类分布式系统的体系结构，这类系统是将异构平台上应用程序的不同功能部件（称为服务），通过这些服务之间定义良好的接口和规范按松耦合方式整合在一起，将多个现有的应用软件通过网络整合成一个新系统。

SOA 的灵活性能给企业带来巨大的好处。如果某电信企业将其 IT 架构抽象出来，将其功能以粗粒度的服务形式表示出来，每种服务都清晰地表示其业务价值，那么，这些服务的用户就可以得到这些服务，而不必考虑其后台实现的具体技术。更进一步，如果用户能够发现并绑定可用的服务，那么在这些服务背后的 IT 系统将能够提供更大的灵活性。

1.5.2.2　SOA 相关技术标准及应用

根据 SOA 参考架构所对应的业务、构建 SOA 涉及的技术要求以及技术标准在 SOA 中的角色功能，可以将 SOA 相关技术标准分为三大类：服务层次上的信息交互规范、基础通信标准规范、元数据标准规范。根据各种标准规范在 SOA 体系中的角色功能，可以将 SOA 协议栈分为 7 层，从底向上包括传输层、消息层、描述层、管理层、服务组合层、表示层及服务资源注册和发现层。

（1）传输层

传输层作为传统的传输协议，在 SOA 技术实现中依然发挥着重要的作用，如 HTTP、RMI/IIOP（分别用于 Java 的远程对象调用和 CORBA 的远程通信）等。

（2）消息层

SOAP 基于 XML 描述，格式简单、语言独立，便于解析和扩展，因此，消息层 SOAP 是 Web 服务的消息传输载体的首选，Web 服务协议栈中的许多规范多是基于 SOAP 进行扩展的。在有特殊要求的电子商务领域，消息传输还可以采用 ebXML 中的 ebMS，而基于 J2EE 技术的应用中，还可以选择 JMS 作为传输协议。

（3）描述层

Web 服务已经是最常用的服务表现形式，而多数 SOA 的技术标准是基于 Web 服务的。WSDL 从句法层面对 Web 服务的功能进行描述，但它在 Web 服务语义方面的描述还不完善。由于 WSDL 的缺点和限制，DARPA 组织发展了 OWL-S 协议，它是语义 Web 服务标记语言的标准，比 WSDL 更能向用户提供可理解的服务资源的描述形式，但是相对复杂。目前 OWL-S

协议主要在学术界进行研究和发展，实际应用较少。

（4）管理层

与传统的 IT 相比，松耦合的分布式 SOA 系统处理服务质量方面的管理问题更加棘手，如安全性问题，对于跨网络的多个服务访问，如何验证合法身份、防止饱和性攻击、消息内容如何防止篡改和窃取、多个信任域如何一次性验证身份等，这种情况下，统一使用标准的协议才是解决的最佳方案。为此，一些标准化组织发展出了系列的标准。

（5）服务组合层

服务组合层的标准规范主要用来构建基础服务及将服务进行组合编排，形成满足用户需要的业务服务。WS4BPEL，即 Web 服务业务流程执行语言，它是一种可执行语言，能够与各种促使业务流程自动化的软件系统相兼容。WS-CDL，定义为在多个交易伙伴之间建立形式化关系。SCA（Service Component Architecture，服务组件架构）提供了一种编程模型，可以支持基于 SOA 的应用程序实现。JBI，即 Java 业务集成，它定义了一个标准的体系结构，允许第三方的组件插入到标准的基础设施上，但由于 JBI 限于 Java 技术，商用的产品支持还较少。

（6）表示层

表示层的标准如 JSR168 和 WSRP，主要应用于 Portal 软件的开发。JSR168 是 Java 规范要求，是为实现 Portlet、基于 Java 的门户服务器和其他 Web 应用程序之间的互操作性而设计的。WSRP 定义了如何利用基于 SOAP 的 Web 服务在门户应用程序中生成标记片段的规范，通过定义一组公共接口，WSRP 允许门户在其页面中显示远程运行的 Portlet，而不需要门户开发人员进行任何编程。

（7）服务资源的注册与发现

在服务资源的注册与发现机制上，主要有两种标准规范可用，UDDI 和 ebXML 中的 ebRS。UDDI 注册内容包括 Web 服务的技术模型和业务模型，本身可扩展，但目前其注册的内容和描述还不够丰富和完整。ebXML 中的 ebRS 的注册机制要比 UDDI 丰富，可以表示范围广泛的数据对象，包括 XML 模式、业务流程描述、UML 模型、一般贸易合作伙伴信息及软件组件，主要用于电子商务领域。

1.5.3　Web Service

1.5.3.1　Web Service 的概念

Web Service 是一种通过网络接收其他系统传递过来的请求、轻量级的独立的通信技术，这种技术允许网络上的所有系统进行交互。Web 服务可以理解请求中上下文的关系，并且在特定情况下产生动态结果。这些服务会根据用户的身份、地点以及产生请求的原因改变不同的处理，用以产生一个唯一的、定制的方案。这种协作机制对于用户来说是透明的。

Web Service 表现为一组操作的接口，这些操作可以通过标准的 XML 消息在网络上进行访问。Web Service 可看作是一些模块化的应用程序，这些应用程序能在 Web 上描述、发布、定位和调用。

1.5.3.2　Web Service 的技术原理

Web 服务有两层含义：一是指封装成单个实体并发布到网络上的功能集合体；二是指功能集合体被调用后所提供的服务。

Web Service 是为其他应用提供数据和服务的应用逻辑单元，应用程序通过标准的 Web 协议和数据格式获得 Web Service，如 HTTP、XML 和 SOAP 等，每个 Web Service 的实现是完全独立的。Web 服务是一个 URL 资源，客户端可以通过编程方式请求得到服务，而不需要知道所请求的服务是怎样实现的，这一点与传统的分布式组件对象模型不同。

Web 服务的体系结构是基于 Web 服务提供者、Web 服务请求者、Web 服务中介者三个角色和发布、发现、绑定三个动作构建的。简单地说，Web

服务提供者就是 Web 服务的拥有者，等待为其他服务和用户提供自己拥有的功能；Web 服务请求者就是 Web 服务功能的使用者，利用 SOAP 消息向 Web 服务提供者发送请求以获得服务；Web 服务中介者的作用是把一个 Web 服务请求者与合适的 Web 服务提供者联系在一起，充当管理者的角色，一般是 UDDI。这三个角色是根据逻辑关系划分的，在实际应用中，角色之间可能有交叉。

1.5.4　BI

1.5.4.1　BI 的概念

BI（Business Intelligence，商务智能）最早由 Gartner Group 于 1996 年提出。当时将商务智能定义为一类由数据仓库（或数据集市）、查询报表、数据分析、数据挖掘、数据备份和恢复等部分组成的，以帮助企业决策为目的的技术及应用。商务智能通常被理解为将企业中的数据转化为知识，帮助企业做出明智的业务经营决策的工具。这些数据包括来自企业业务系统的订单、库存、交易账目、客户和供应商资料，来自企业所处行业和竞争对手的数据以及来自企业所处的其他外部环境中的各种数据。

1.5.4.2　BI 的研究内容和发展趋势

为了将数据转化为知识，需要利用数据仓库、联机分析处理（OLAP）工具和数据挖掘等技术。因此，从技术层面上讲，商务智能不是什么新技术，它是数据仓库、OLAP 和数据挖掘等技术的综合运用，可以将商务智能看成一种解决方案。BI 的关键是从许多来自不同的企业运作系统的数据中，提取出有用的数据，进行清理以保证数据的正确性，然后经过抽取（Extract）、转换（Transform）和装载（Load），即 ETL 过程，合并到一个企业级的数据仓库里，从而得到企业数据的一个全局视图。在此基础上，利用合适的查询和分析工具、数据挖掘工具、OLAP 工具等对其进行分析和处理（这时信息变为辅助决策的知识），最后将知识呈现给管理者，为管理者的决策过程提供有力的支持。

商业智能为更好地制订战略和决策提供良好的环境，为特定的应用系统（如客户关系管理、供应链管理、企业资源计划）提供数据环境和决策分析支持。当面向特定应用的特定战略和决策问题时，商业智能从数据准备做起，建立或虚拟一个集成的数据环境；在集成的数据环境之上，利用科学的决策分析工具，通过数据分析、知识发现等过程，为战略制订和决策提供支持，最终，解释和分析执行中发现的问题。整个过程中，集成的数据环境和决策分析工具是不可缺少的。

使用数据仓库和数据集市建造集成的数据环境是逐渐走向成熟、也是目前最理想的做法。数据仓库提供数据存储环境，而且是面向特定主题的决策支持环境，来自各种数据源中的数据经过清洗、ETL，按某一主题存储。数据集市是面向特定主题的小型数据仓库，解决了企业级数据仓库要存储大量数据带来的建设周期长、造价高、可扩展性差等问题。

注重有效利用企业的数据为准确和更快地决策提供支持的需求越来越强烈，企业对商业智能的需求将是巨大的。

1.5.5　BPR

1.5.5.1　BPR 的概念

BPR（Business Process Reengineering，业务流程重组）最早是由美国的 Michael Hammer 和 Jame Champy 提出，在 20 世纪 90 年代达到全盛的一种管理思想。BPR 强调以业务流程为改造对象和中心，以关心客户的需求和满意为目标，对现有的业务流程进行根本的再思考和彻底的再设计，利用先进的制造技术、信息技术以及现代化的管理手段、最大限度地实现技术上的功能集成和管理上的职能集成，打破传统的职能型组织结构，建立全新的过程型组织结构，从而实现企业经营在成本、质量、服务和速度等方面的巨大改善。

1.5.5.2　BPR 的种类

（1）渐进式和革命式

按照 BPR 实施方式的不同，可以把它分成两种：一种是革命式的休克疗法，一种是渐进式的改良法，前者强调"根本性"和"彻底性"的再思考和设计。

（2）内部重组与外部重组

- 内部重组

内部重组是对企业内部的流程进行重组，有两种方式，一是指对各个职能部门的内部流程进行重组，另一种方式是指对横跨企业内部的流程进行重组。

- 外部重组

指发生在两个以上企业之间的业务重组，将企业视为行业或者产业供应链上的一个环节，若干个企业共同联合起来为顾客提供服务。原来被企业边界所分割的流程，被战略联盟、虚拟生产等方式重新连贯在一起。对于完成内部流程重组的企业来讲，可以向外部流程重组的目标进发。

（3）按重构方式分类

BPR 的实施将对企业经营过程，即企业的人、经营过程、技术、组织结构和企业文化等各个方面进行重新的架构。按照重构方式，BPR 可以分为人的重构、观念的重构、技术的重构、组织结构的重构和企业文化的重构。

1.5.6　KM

1.5.6.1　KM 的概念

KM（Knowledge Management，知识管理）是企业在面对日益增长的非连续性的环境变化时，针对组织的适应性、生存和竞争能力等重要方面的一种迎合性措施，它包含了组织的发展进程，并寻求将信息技术所提供的对数据和信息的处理能力以及人的发明创造能力这两方面进行有机的结合。

KM 的概念可以从狭义和广义两个角度理解，狭义的 KM 主要是针对知识本身的管理，包括对知识的创造、获取、加工、存储、传播和应用的管理；广义的 KM 则不仅包括对知识本身的管理，还包括对与知识有关的各种资源和无形资产的管理，涉及知识组织、知识设施、知识资产、知识活动、知识人员等的全方位、全过程的管理。

1.5.6.2　KM 的内容范围

KM 的内容可以从广义和狭义两方面去认识，广义的 KM 内容，包括对知识、知识设施、知识人员、知识活动等诸要素的管理；狭义的 KM 内容则指对知识本身的管理。其中，狭义的 KM 即对知识本身的管理，应该成为 KM 研究的核心内容。所谓对知识本身的管理，包含三方面的涵义：①对显性知识的管理，体现为对客观知识的组织管理活动；②对隐性知识的管理，主要体现为对人的管理；③对显性知识和隐性知识之间相互作用的管理，即对知识变换的管理，体现为知识的应用或创新的过程。对显性知识的管理，目前已有大量的理论与实践研究成果，但对隐性知识的管理和对知识变换的管理，目前无论是在理论上还是在实践上都还没有形成完整的模式，尤其是对知识变换的管理，目前更是处在理论探索阶段。

1.5.6.3　KM 的功能

从 KM 对知识创新的促进作用看，KM 的功能体现为以下 4 个方面：①帮助科技工作者获取最新科技信息，是启动知识创新的前提条件；②直接参与研究过程，是知识创新的组成部分；③KM 促进知识传播，是培养具有创新能力的高素质人才的重要手段；④KM 关注知识的扩散和转换，是知识创新成果转化为生产力的桥梁。

从功能形式看，KM 的功能可概括为以下 4 个方面：①外化功能——对知识获取的管理功能；②内化功能——对知识处理的管理功能；③中介功能——对知识传递的管理功能；④认知功能——对知识运用的管理功能。

1.5.7　Portal

1.5.7.1　Portal 的概念

Portal（门户）是一个基于 Web 的应用程序，主要提供个性化、单点登录、不同来源的内容整合以及存放信息系统的表示层。Portal 包括三个组成部分：Portal Server、Portlet Container 和 Portlet。

Portal Server 提供 Web 系统，Portlet Container 提供 Portlet 执行的环境，Portlet 是基于 Java 技术的 Web 组件，由 Portlet Container 管理，专门处理客户的请求，产生各种动态的信息内容。

1.5.7.2　Portal 的主要类型

Portal 强调以用户为中心，重视工作流及整体工作效能。通过与应用无关的图形化界面映射以知识为中心的工作流，提供单点集成界面，实现信息的集中化访问。Portal 创建了一个提供支持信息访问、传递以及跨组织工作的集成化商务环境。

现有 Portal 可概括为以下 4 种主要类型。

（1）企业信息门户（Enterprise Information Portal，EIP），依据主题将大量的内容进行组织，并利用这些信息将用户连接起来。

（2）协作门户（Collaborative Portal，CP），为用户团队提供协同工具，建立虚拟项目工作区并辅助团队协同工作。

（3）专业门户（Expertise Portal，EP），将用户依其能力、专业知识及对信息的需求进行连接。

（4）知识门户（Knowledge Portal，KP），具备上述三种类型 Portal 的功能，并继而完成知识管理、内容管理、商务智能等更多工作。

通常所说的电信运营企业的 Portal，基本都是 EIP 的概念。EIP 提供统一的方式，释放存储在企业内部的各种信息，使得企业员工可以从不同存放地点、不同表现形式的信息中方便地获取个性化内容。EIP 是企业内部用户或合作伙伴快速方便获取信息的大门，其建立是为企业的客户、合作伙伴及员工提供访问企业信息资源的个性化手段。企业信息门户表现在用户面前的，是一个简单的、个性化的、集成的和统一的应用环境。企业通过对内部应用系统所蕴藏的信息进行有效地整合、组织、管理，及时地向企业的客户、合作伙伴及员工提供全面、准确的信息，优化企业的运行管理，提高生产运营效率。

1.5.8　容灾备份

IT 支撑系统可能面临多种风险和可能的灾难因素，包括自然灾害和人为因素等，可能造成业务停顿、系统瘫痪等不同后果，有的后果在可忍受的时间内能够本地修复，但对于系统长时间瘫痪的情况，则必须进行容灾备份。

1.5.8.1　容灾备份的技术选择

实现容灾备份的可选技术包括基于磁盘阵列镜像、基于数据库级的同步、基于操作系统级的同步和基于应用系统级的同步等方式。根据运营商 IT 支撑系统的情况，一般可考虑的技术方案主要有以下 3 种。

（1）方案一，基于操作系统的容灾备份方式

此方式指操作系统向磁盘阵列写入时，数据同步，每一笔交易只有在主中心服务器和容灾备份中心服务器的磁盘阵列都返回成功结果后，才认为一笔交易完成，此方式主要用于同步的数据备份。

（2）方案二，基于应用软件的容灾备份方式

此方式的容灾备份功能，是指主中心和容灾备份中心之间数据一致性的实现全通过应用软件实现，可分为同步和异步两种方式。

同步方式：任何数据写入生产系统时都要同时发到备份系统，待备份系统写入完成后生产系统才能返回成功。此种方式降低了系统的处理性能，增加了系统的复杂性和成本。

异步方式：指生产系统写入数据时将新的数据排到本地的一个队列，然后返回成功，再由另外的进程将队列中的数据发送到备份系统进行处理，这种方式对生产系统存在滞后的问题，可以通过设置软件控制，如两阶段提交，确保数据的不丢失。

（3）方案三，基于磁盘镜像的容灾备份方式

主中心和备份中心之间的数据备份和一致性检查结果，包括数据库表格及文件系统等所有数据，通过磁盘远程数据镜像的方式，由主中心传送到备份中心，可分为同步方式和异步方式。

同步方式：任何数据写入生产系统时，都要通过盘阵镜像同时写入备份系统，待备份系统写入完成后才能返回成功。该方式可以确保数据的不丢失，但对硬件设备的要求较高，且对距离有一定的限制。

异步方式：指主中心计费数据写入本地磁盘后，就将数据向异地备份中心传送而不等待容灾中心的返回信息。通过该方式，主中心无法确认备份中心是否及时并准确无误地收到数据，不能确保数据的不丢失，也很难确保当主中心发生灾难时，备份中心能够顺利地启动起来。

方案一，利用操作系统保持两中心数据处理的一致性难度较小，但此方式不支持异构的操作系统，对主中心原有系统的处理性能影响较大。该方式容灾中心的数据库不能打开，不能利用容灾中心的数据进行统计分析等任务，主备中心之间的传输带宽要求较高。

方案二，基于应用软件的容灾备份方式相对灵活，可以支持异构的环境，而且可以利用容灾中心的数据进行一些统计分析等工作。但此方式的缺点是利用应用软件保持两中心数据处理的一致性，难度较大，给应用软件的开发

带来困难，对原有应用系统的处理性能影响较大。

方案三，由于磁盘远程镜像通过磁盘阵列本身的功能完成，此方式两中心之间的数据一致性较容易实现，且不会导致服务器处理能力的降低，但两中心磁盘阵列的容量需相等，存储方式也需相同，主备中心之间的传输带宽要求较高。

在建设容灾系统时，可综合考虑各种因素择优选择。

1.5.8.2　容灾备份中心的设置模式

根据容灾备份中心的功能分类，容灾系统的设置方式一般可分为 3 种：远程数据备份中心模式、远程应用级主备模式、远程应用级并行运行模式。

所谓远程数据备份中心，就是容灾备份中心不含业务应用软件，仅是对主中心数据的容灾存储；而应用级容灾备份，是指容灾备份中心具有应用处理功能的软件。

应用级主备模式指备份中心的业务应用平时处于备份状态，或容灾备份中心平时运转一些实时性、连续性要求不太高的其他业务，在主中心发生灾难时，再将备份中心人工启动起来。

并行运行模式指主中心和备份中心平常都处于运行状态。

对于后两种模式的容灾系统都可以称为应用级容灾系统。而就应用级容灾系统的规模来说，又包含两种方式：同级容灾模式，即主备系统的处理能力相当；降级容灾模式，即备份中心的处理能力可以比主中心低。

1.6　运营商 IT 支撑系统概况

eTOM 的三大核心流程（实现、保证、计费）及辅助流程的具体 IT 实现，形成了电信运营商的 IT 支撑系统，如图 1-4 所示。

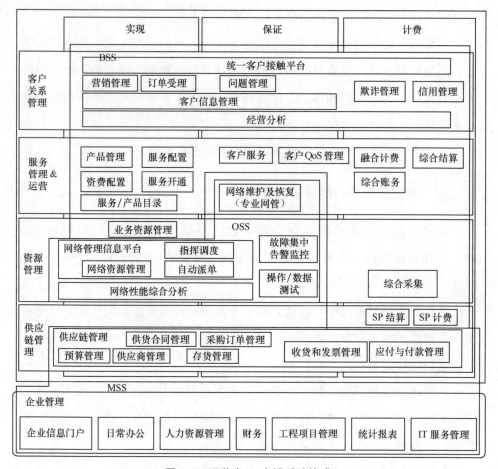

图 1-4　运营商 IT 支撑系统构成

　　这些 IT 系统通过功能聚类形成了业务支撑系统、运行支撑系统、管理支撑系统及这些系统的辅助系统。

1.6.1　业务支撑系统

　　BSS 是电信运营商业务处理的基础平台，用于支持前端应用，实现核心应用，涵盖了计费、结算、账务和营业服务等功能，是支撑企业业务运营的关键核心系统，也是电信 IT 支撑系统的核心组成部分。

　　由于 BSS 非常庞大，在技术实现时，一般由多个系统组成。不同电信运营商根据自身情况构建出的具体系统也是不同的，一般多数运营商的 BSS 由客户关系管理系统和 BSS 核心应用系统两大部分组成。另外，呼叫中心包含在客户关系管理系统中，作为一种用户接触渠道。

BSS 很多功能的实现需要与 OSS、MSS 交互。其中服务开通的实现与 OSS 密切相关，因而有的运营商将服务开通系统放在 BSS 领域，也有的运营商将之放在 OSS 领域。另外，因为 BSS 是用户基本信息和用户行为信息的权威来源，基于这些信息进行数据分析则构成了经营分析系统，该系统与 MSS 相关，本书将之放在了 BSS 领域。

（1）客户关系管理系统

客户关系管理（CRM）系统面向客户，提供售前、售中、售后的服务。面向销售渠道，提供销售活动、订单、佣金结算的支持。客户关系管理系统通常完成受理和处理用户的业务请求，随着个性化服务需求越来越强烈，要求系统实现的功能数量也越来越多，越来越复杂。

（2）BSS 核心应用系统

BSS 核心应用系统主要实现综合采集、融合计费、综合账务、综合结算等功能。本书中将服务开通管理、合作伙伴管理等功能也放在 BSS 核心应用系统中描述，需要注意的是，BSS 核心应用也可能是由多个分离系统实现的。

（3）呼叫中心

呼叫中心是一种结合电话、传真、电子邮件、Web 等多种渠道实现客户服务、销售及市场推广等多种目的的功能实体。呼叫中心对于电信运营商非常重要，它整合了企业与客户之间的沟通渠道，建立以客户为中心的服务模式，高质量、高效率、全方位地为客户提供多种服务，提升企业品牌及客户忠诚度，吸引新的客户并留住现有客户，提供客户个性化服务及差异性服务，提高客户满意度，取得竞争优势。

（4）经营分析系统

经营分析系统的主要任务是通过动态、有选择性地采集和更新数据源的有效信息及企业相关信息，进行智能化地分析、处理、预测、模拟等，最终向各级决策管理者或专业人员提供及时、科学、有效的分析报告，做好信息、智力支持工作。

1.6.2 运行支撑系统

OSS 是电信运营商网络运维的信息化管理平台，实现对各类网络和业务设备的管理，包括资源管理（配置管理）、故障管理、性能管理（质量管理）、安全管理等，具有端到端的网络管理支撑能力，缩短业务开通时间，提升业务和服务的质量和效率，降低网络运行维护成本。

OSS 主要由各个专业网管、综合网管和网络资源管理系统等组成。

在功能方面，各运营商为支撑面向客户感知、端到端质量保障、全专业标准化管理的网络运维工作，需要实现从以往专业网管到综合网管的转型，从以设备与网络管理为主的分专业功能体系拓展到面向业务、服务、客户的跨专业功能体系。

1.6.3 管理支撑系统

MSS 也称为管理信息系统（MIS）。在电信运营商中，管理支撑系统主要包括 OA 系统（办公自动化系统，也称协同办公或统一信息平台等）、ERP（Enterprise Resource Planning，企业资源计划）系统（核心功能为人力资源管理、财务管理等）和 SCM（Supply Chain Management）系统（核心功能为供应链管理等）等主要部分。另外，运营商常常还建设有知识管理系统、决策分析系统等其他功能系统。

1.6.4 辅助系统

为保证各系统顺利运作，运营商 IT 支撑系统中还包括一些辅助系统，其中重要的系统包括 IT 网管系统，实现对 BSS、OSS 和 MSS 的管理，甚至因为管理人为分割因素，有的运营商的 BSS、OSS 和 MSS 都有各自的网管系统，其他辅助系统，如 PKI 系统、安全审计管控系统等。

目前国内的电信运营商均是由各省公司和集团总部组成，因此上述 IT 支撑系统的部署也是分别以省公司和集团总部为单位各自实施的，不同单位的系统之间通过 IP 网络（或 VPN）进行联网以实现信息汇总、结算、跨地域业务处理等。

思 考 题

1. 简述 IT 支撑系统的主要发展过程。

2. IT 支撑系统的主要发展趋势有哪些？

3. 请简述 NGOSS 具有哪些特点？其基本建设思想是什么？

4. eTOM 基本概念是什么？它的 0 级和 1 级过程框架主要包括哪些内容？

5. ITIL 2.0 有哪些主要模块？其基本内容分别是什么？其中核心模块是什么？

6. 简要描述 IT 支撑系统的总体 IT 能力框架模型。

7. IT 支撑系统技术架构主要包括哪些内容？

8. 简要说明 EAI 的概念和作用，说明 EAI 具有哪些技术层次？

9. 简要说明 SOA 的基本概念，SOA 协议栈具有哪些层次？

10. 简要说明 Web Service 的概念和作用。

11. 简要说明 BI 的概念和作用。

12. 简要说明 BPR 的概念和作用。

13. 简要说明 KM 的基本概念和作用。

14. 简要说明 Portal 的基本概念和作用，说明 Portal 有哪些主要类型？

15. 常用的容灾备份技术有哪些？容灾备份中心的设置模式有哪些？

16. IT 支撑系统主要有哪几部分组成？简要说明运营商的 IT 支撑系统具体包括哪些功能系统？

第2章
业务支撑系统

2.1 客户关系管理系统

2.1.1 系统概念

客户关系管理（Customer Relationship Management，CRM）系统是基于计算机应用技术，用以支撑运营商以客户为导向的运营体系的信息系统。CRM 系统包括市场营销、销售管理、客户服务、渠道管理、客户管理、产品管理、资源管理等多方面的功能，并根据客户运营需要与诸多相关外部系统进行互联。

CRM 的宗旨是改善企业与客户之间的关系，使客户时时感觉到企业的存在，企业随时了解客户的变化，推动企业最大限度地利用其与客户有关的资源，实现企业从渠道管理、市场营销到销售和售后服务的立体交叉管理。CRM 系统帮助企业抓住每一个可能给企业带来价值的机会，通过团队的努力把机会转化成订单；通过对客户的实时跟踪，支持企业进行触发式营销，实现营销的个性化与精准化，全面提升市场、营销、服务的广度与深度。在 CRM 统一的战略思路下，企业可以为客户提供多产品的组合，满足客户的个性化的需求，为企业带来附加价值。

2.1.2　系统功能

客户关系管理系统面向客户，提供售前、售中、售后的服务，面向销售渠道，提供销售活动、订单、佣金结算的支持。客户关系管理系统通常完成受理和处理用户的业务请求。随着个性化服务的需求越来越强烈，要求系统实现功能的数量越来越多，越来越复杂。客户关系管理系统是BSS的前端系统，具有客户接触管理、市场营销管理、销售管理、渠道管理、订单处理、客户资料管理、产品管理、客户问题管理、客户评价管理、业务资源管理等功能。

（1）客户接触管理

客户接触管理主要负责管理运营商与客户的交互过程，获取并处理客户的接触信息，是客户进行业务受理、咨询、查询、投诉、故障申告等一系列活动的窗口。客户接触管理完成对客户的接触事件及其处理结果的记录，以便提供对客户接触历史的跟踪及分析，帮助企业更加友好地、一致地、全面地与客户进行沟通，真正地理解客户需求，为客户提供差异化的服务，提高运营商客户服务的质量。主要包括接触适配管理、接触控制管理、接触监控管理、接触信息管理等功能。

（2）市场营销管理

市场营销管理覆盖了从市场计划制订到具体市场活动的策划、执行和评估等一系列面向市场营销的功能支持。市场营销活动是满足消费者需求、创造企业价值、扩大企业收入的一系列活动的总和，主要包括市场调研、市场分析、宣传推广、促销等。

（3）销售管理

销售管理制订和管理销售计划，并对销售机会从生成到最终形成订单的全过程进行管理，具体包括销售计划管理、销售机会管理、销售活动管理、销售文档管理、业务需求单管理、驻地网管理等功能。通过销售管理可以提升工作效率，协助销售部门建立以客户为引导的、流畅的工作流程，还可以确保销售人员能及时了解企业、市场、竞争对手等各方面的信息，有助于提高销售的成功率。

（4）渠道管理

渠道是与客户进行交互的具体途径，是向客户销售产品及提供差异化服务的承载，渠道管理主要包括渠道资料管理、渠道资源管理、渠道支持管理、渠道费用管理、渠道佣金管理、渠道人员管理、渠道风险管理、渠道评估管理等功能。

（5）订单处理

订单是指客户对电信产品的订购信息，订购信息包括各种业务申请 / 变更 / 取消信息、产品申请 / 变更 / 取消信息、解决方案申请 / 变更 / 取消信息。订单处理负责管理整个订单的生命周期，实现端到端的、全业务、全渠道的订单处理，主要包括预订单处理、订单生成、订单审核、订单分解、订单派发、订单回笼、订单竣工、订单异常处理、营业收费管理、奖励管理等功能。

（6）业务资源管理

业务资源是运营商在市场营销、客户服务过程中涉及各类有形和无形资源，主要包括号码、电信卡、终端、礼品、票据等业务资源。业务资源管理主要完成各种业务资源的入库、出库分配、调配、回收、盘点等，具有号码资源管理、电信卡资源管理、终端资源管理、终端配件管理、礼品管理、票据管理等功能。

（7）产品管理

产品管理涵盖了从产品设计、开发、推出、跟踪、特性修改，到产品退出的整个生命周期的管理，包括定义产品和服务特性、支持产品设计过程、管理产品目录、供应产品信息和跟踪产品绩效等，具有产品设计管理、产品开发、产品变更与撤销、产品绩效分析、产品目录管理、业务目录管理、竞争对手产品管理等功能。

（8）客户问题管理

客户问题管理负责接收客户在使用运营商各类产品和服务时发生的客户投诉建议、故障受理、咨询服务等请求，以及对已受理的客户问题进行跟踪、处理、回复、查询与分析，具有问题单管理、问题单分析和跟踪、问题单信息查询、SLA 问题管理等功能。

（9）客户评价管理

客户评价管理以客户为中心，对客户的信用度、积分进行综合评价和管理，获取对客户全面客观的认识，为客户营销服务策略的制订提供支撑。通过客户分级管理，为客户提供满足客户个性化需求的服务，并进行维系挽留管理，提高客户的忠诚度，具有客户分级管理、目标客户群管理、信用管理、俱乐部管理、积分管理、维系管理、挽留管理等功能。

（10）客户资料管理

客户是指已经或者有意向购买、使用运营商及其业务合作伙伴提供的产品的个人或法人团体。客户资料管理是指对客户基本资料的创建和维护的过程，客户资料管理的对象包括潜在客户、在网客户、离网客户等处在不同生命周期阶段的客户，具有客户基本资料管理、客户层级规则和关系维护、客户合同协议管理、SLA 协议管理、订购实例组管理等功能。

（11）公共支撑管理

公共支撑管理包括接入管理与监控、接口配置与监控、知识库管理、统计报表管理、任务管理、协作支持、流程管理、系统管理等功能。

2.1.3　与其他系统的协作

CRM 系统为经营分析系统提供经营分析需要的各种信息，包括接触历史信息、渠道相关信息、产品和产品使用信息、客户资料基本信息等。经营分析系统为 CRM 系统提供各种分析结果，包括接触历史统计分析结果、市场分析信息、产品绩效分析信息（如产品收益率分析、产品相似性分析、基于产品的使用分析、产品缺陷分析、产品预演等）、渠道评估和风险信息、客户洞察信息等。

CRM 系统需要与后端的 BSS 核心应用系统进行大量的协作。CRM 系统向综合计费账务提出账单、余额等查询请求，计费账务为 CRM 系统提供账单、余额等查询请求的处理结果。CRM 系统向综合计费账务提出计费开通申请信息，由综合计费账务进行计费的开通处理。综合计费账务向 CRM 系统提出欠费停机处理请求，CRM 系统为综合计费账务提供欠费停机处理结果等。CRM 系统为综合计费账务提供 CRM 定义好的产品信息、优惠计划信息等，为综合计费账务提供客户的初始信用信息以及欠费催缴处理结果信息等。综合计费账务向 CRM 系统提出欠费催缴处理请求，为 CRM 系统提供动态信用计算结果、通信消费积分的计算结果。

CRM 系统为 ERP 提供人员绩效信息、代理商佣金结算信息等。ERP 系统为 CRM 系统提供生成好的业务资源（电信卡、手机终端、终端配件、礼品、票据等）信息并出库到 CRM 系统，CRM 系统为 ERP 系统提供业务资源的使用情况信息等，ERP 为公共支撑管理提供人员信息。

CRM 系统为综合故障管理系统提供涉及网络和计费错误等相关故障单的信息，包括客户编码、服务编码、故障类型等，综合故障管理系统为 CRM 系统提供故障处理结果信息。

CRM 系统向综合资源管理系统提出选址申请信息。综合资源管理为 CRM 系统提供地址信息、号码资源信息，CRM 系统为综合资源管理系统提供号码资源的使用情况信息。

2.1.4　发展趋势

电信重组之后，3G 的大规模商用、4G 的引入和全业务运营成为运营支撑发展的重点和方向，各运营商通过建设运营支撑系统，满足 3G 及 4G 支撑需求，为用户提供统一的业务体验，提升以客户为中心的端到端的整体运营质量，满足移动互联网环境下的发展需求，实现业务部署灵活、快速，达到运营高效、降低成本的目的。移动互联网环境下的业务运营对 CRM 提出了新的要求，主要体现在面向客户的个性化服务、支持灵活多样的客户接触渠道支撑及价值链整合等方面。

随着互联网及移动互联网的发展，虚拟运营商、三网融合等政策的出台，要求运营商的 CRM 系统继续集中化，业务支撑能力逐步开放，实现与合作伙伴的共同发展。同时，要求运营商构建更加安全、融合、集中的 CRM 系统，用于支持多元化、多样的、丰富的业务组合。

未来几年，运营商的 CRM 系统将利用云计算与大数据技术，统一使用全功能 BSS 云资源，集中支撑虚拟运营商、3G、4G 业务，并且对内、对外提供大数据服务。在 CRM 应用层引入工作流引擎、规则引擎、内存缓冲、数据库连接池等技术，提升实时并发处理能力。CRM 核心应用向 J2EE 架构迁移，完成 CRM 应用层从现有应用架构（如 C/C++ 开发的应用，或基于 Tuxedo 中间件的应用）向 J2EE 架构迁移，并且实现应用向云化基础设施部署或迁移。

2.2 BSS核心应用系统

2.2.1 系统概念

BSS 核心应用系统主要实现综合采集、融合计费、综合账务、综合结算等功能。本书中将服务开通管理、合作伙伴管理等功能也放在 BSS 核心应用系统中，需要注意的是，BSS 核心应用的实现也可能是由多个分离系统的方式实现。另外不同的运营商对于服务开通、合作伙伴管理等功能在 BSS 和 OSS 间的边界与功能划分的做法也不尽相同。

2.2.2 系统功能

2.2.2.1 综合采集

综合采集是支持电信运营商全业务原始服务使用记录的采集和在线计费消息的接入，为其他系统提供统一的标准化话单的关键系统，包括数据采集、预处理等功能域。

（1）数据采集

数据采集从各种网元设备采集原始使用数据，根据应用服务的具体性质和运营操作的要求可采用联机采集、脱机采集、在线采集等方式。采集源及采集模块使用的采集接口协议包括 X.25、TCP/IP、FTAM、FTP、MTP、HTTP/XML、RS232、DCC 等。一般采集源包括各类交换机、关口局、SGSN、GGSN、PDSN、智能网相关网元、RADIUS、短信中心、增值服务平台、业务网关、业务管理平台、专业计费结算系统、合作方相关系统等。数据采集的主要处理流程包括离线采集和在线采集。

离线采集包括联机数据采集和脱机数据采集，是预处理的输入模块。联机采集通过采集源提供的采集接口，实时或定时读取服务使用记录，并通过联机方式实时传送给预处理进行后续处理。脱机采集在无法完成联机读取某些服务的使用记录的情况下，提供从采集源的磁盘、磁带或光盘介质上读取服务使用记录的功能，并传送给预处理进行后续处理。离线采集的采集流程大致如下。

① 联机采集对采集源数据进行检查，检查是否有数据可供采集，采集周期一般不多于 15min；脱机采集对采集源磁盘、磁带或光盘介质进行预览和检查，检查是否正确。

② 数据传输对采集的数据根据规则进行优先级调度、数据加密处理和数据压缩处理，数据处理完成后进行数据的传送等。

③ 数据校验根据采集源或传输源提供的校验信息进行文件校验，校验失败的文件需要进行重新采集或按照错误处理流程处理。

④ 数据备份将采集到的原始数据根据备份要求进行备份，同时，将原始输出传输到后续预处理系统。

在线采集对在线计费消息的处理，通过与在线计费功能和业务控制网元的交互，实现在线计费消息接入功能，在线采集的流程大致如下。

① 在线采集网元（如 SCP、GGSN、业务管理平台等）通过协议（如 DCC 协议）与协议适配模块进行通信。

② 对于接收到的来自业务控制网元的在线计费消息，按照在线计费的要求进行协议适配转换，生成在线计费可以直接识别的计费消息，进行在线计费消息的分发，并接收在线计费返回的业务使用额度的结果消息，将其转换

为 DCC 协议响应消息，转发给业务控制网元。

（2）预处理

预处理是对采集的原始使用记录进行识别、检查和格式化的过程。预处理屏蔽网元侧的物理差异，为其他功能域和其他系统提供标准格式的服务使用记录，一般包含以下几种功能。

格式化：使不同网元使用记录转成标准格式，便于后续处理。

过滤：指从原始服务使用记录中去除所有后续系统均无需处理的服务使用记录，提供对应的统计数据。

检错纠错：检错是指对原始服务使用记录的完整性、有效性和准确性进行检查。纠错是指对有误的原始服务使用记录进行纠正，无法纠正的服务使用记录形成错单。

排重：对服务使用记录按业务类别对应的排重依据进行排重。

拆分、合并和关联：拆分指将同一条原始服务使用记录进行分解、转换，形成多条标准服务使用记录的过程；合并指对同一次服务产生的多条原始服务使用记录，或对多次使用同一次服务所产生的多条原始服务使用记录进行信息抽取、转换，形成一条标准服务使用记录的过程；关联指对多个网元或业务平台的多条原始服务使用记录，根据服务使用记录中各相关项的联系，形成一条标准服务使用记录的过程。

分发：指将预处理后形成的标准服务使用记录，根据各个功能域的不同需求，传送给其他系统或功能域。

另外，还有规则配置和错单管理等功能。规则配置是对整个预处理过程中使用的具体功能进行灵活配置；错单管理是对预处理各环节产生的错单进行存储、分析、修正、重新处理。

2.2.2.2 融合计费

（1）计费系统的演进

简单回顾运营商计费系统的演变过程：传统的计费系统由于受到"烟囱

式"网络的影响，条块分割，甚至一种产品就有一套计费系统；后来离线计费系统的发展，可以建立统一的客户模型，对客户进行统一管理，可以支持灵活的业务模式。但是此时的离线计费系统由于不具备实时控制机制，存在用户透支的可能性，容易产生欠费问题，而且用户无法实时地了解自己账户的准确情况，影响用户体验。智能网定义了预付费业务，被认为是一种在线计费的实现方法。智能网通过实时控制，可以有效避免欠费，但是智能网对融合计费的支持能力有较大约束。后来人们将离线计费系统与欠费风险控制相结合，利用欠费风险控制系统监控运营商认为的低信用度用户以降低欠费风险，而这些用户真正的计费还是通过话单由离线计费系统实现，实时欠费风险控制系统从系统核心设计上已经具备在线计费的雏形。

3G 商用、全业务运营、4G 建设，网络的融合发展迫切需要融合的计费系统进行有力支撑，融合计费成为电信运营商在移动互联网时代的必然选择。全业务产品及营销套餐既是挑战，也是对融合计费系统的促进。坚持以客户为中心，采用统一产品目录，实现全业务综合账务，提供统一单据、统一客户余额视图，实现预付费、后付费融合支撑等都是应对挑战的基本措施。而在处理速度方面，业务能够快速部署、快速分析也是提高产品营销支撑能力的基本要求。

融合计费方案不能只是将多个计费平台归拢到一个平台上，而应实现 4 个方面的融合：客户的融合，即客户品牌和付费方式的融合；业务的融合，即实现跨业务、跨产品、跨客户的产品捆绑、交叉优惠，实现业务经营与计费策略的完整衔接，实现支持全网络的、全业务的融合计费；计费模式的融合，即将计费提速与 OCS 融合，支持在线实时预付费计费、离线准实时预付费计费和离线后付费计费的融合计费方式。最后则是计费对象的融合，即预付费和后付费的融合统一，并可根据用户付费属性的不同，灵活切换计费方式。

（2）融合计费定义

融合计费是依据计费资源、产品资费、用户资料信息，实现个人客户、家庭客户和行业客户等跨地域、跨业务等的计费过程。融合计费需要具备全业务融合计费能力、在线计费与离线计费融合计费能力。

全业务计费能力要求融合计费能支持固定语音业务、固定宽带业务、2G/3G/4G 移动话音业务和移动数据业务等整体计费需求，支持对合作伙伴产品通信费、信息费的校验、计费和优惠，支持各种业务的交叉捆绑优惠。

在线计费（Online Charging System，OCS）是对现有计费能力的提升。OCS 参与通信过程的控制，能够解决用户实时信用控制、预付费使用数据业务和增值业务实时计费等问题。OCS 是 3GPP 网络架构中最重要的组成部分之一，3GPP 组织在 32.815 标准中提出了 OCS 的参考结构，给出了具有开放性和通用性的实时计费系统框架，支持基于承载、会话和内容事件的统一计费。该框架将话务控制功能与计费功能相分离，使计费系统参与到服务的使用过程中，用户边使用业务，OCS 边计费。在线计费与离线计费的融合计费能力是对现有计费能力的提升，通过一个计费引擎实现在线与离线的计费能力。

（3）融合计费的功能与流程

一种融合计费的功能如图 2-1 所示。

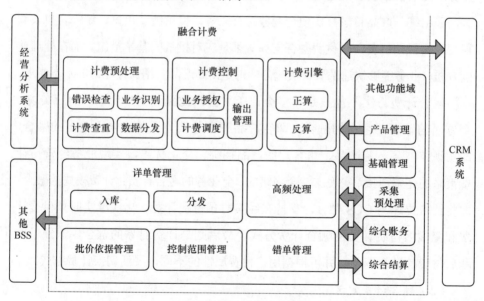

图 2-1 融合计费功能

融合计费的计费预处理模块负责对服务使用记录进行错误检查和计费排重，并对在线计费消息和服务使用记录根据计费要求进行分拣，并将分拣后需要进行在线计费或离线计费的数据传输给计费控制模块进行控制。计费控制接收计费预处理的输出，并通过与批价依据管理模块的交互，获取相应的计费依据信息。同时，调用计费引擎完成在线和离线的正算和反算，详单管理接收在线计费控制和离线计费控制输出的在线服务使用记录和详单，并进行入库和分发处理。错单管理模块对整个融合计费各模块处理过程中产生的错单进行收集、统计，并按照错单处理流程提供重处理和纠正等机制。

2.2.2.3 综合账务

综合账务是指对综合账单的生成、管理及核算的过程，包括账务管理、账务处理、信用管理、积分管理、消费提醒管理等功能。

账务管理主要功能包括缴费管理、账户资金管理、账单管理、欠费管理、账务核算、发票管理等，其中缴费管理触发账户资金管理和销账管理，进而触发余额管理和信用控制管理。

账务处理功能中，实时出账流程对融合计费功能形成的计费详单进行汇总，进行固定费用的加载、代收费用的加载、账单级优惠，形成实时明细账单数据，并得到实时余额。月底出账流程对融合计费功能形成的计费详单进行汇总，进行固定费用的加载、代收费用的加载、账单级优惠、批量销账，形成综合账单数据。

账务处理触发信用控制管理，生成的账单作为积分计算和账单管理的输入。

2.2.2.4 综合结算

综合结算是满足电信运营商不断发展的业务对结算要求的关键系统。通过结算，完成运营商与其他运营商、合作伙伴之间以及运营商内部根据结算规则完成收入分摊、核对、调整和监管的过程，结算规则、核对方式等内容来自结算双方合作协议或合同。

综合结算主要包括结算处理、结算对账以及结算协议管理等功能。

结算处理完成从结算数据采集、结算预处理、结算批价，到结算分摊和出账等一系列结算处理流程，具体包含以下内容。

结算数据采集：从综合采集系统获取结算原始数据，并存储和管理采集来的数据。

预处理：进行格式转换，话单校验，分拣过滤和异常处理。

结算批价：按设定的批价规则、费率对结算话单进行结算批价处理，生成批价文件。

结算费用分摊：将各种业务的话单费用和话单汇总费用，按照不同的结算规则要求计算出不同结算对象间的费用。

结算出账：将结算分摊结果按照不同结算对象进行分类汇总和统计，生成结算统计报表。

结算协议管理是对结算对象和结算协议等与结算相关的资料进行管理。

结算对账是指将综合结算的结果与各结算对象的结果进行比较，或是通过互相提供的基础数据进行对比分析，明确差异的原因，为解决结算纠纷提供支持，包含以下内容。

结算报表对账：通过结算统计报表进行对账。

分类明细对账：根据分类明细进行对账。

清单对账：根据参与结算的详细通话清单进行对账。

2.2.2.5 服务开通管理

服务开通管理负责对网络设备进行自动开通处理，系统将按照信用控制和服务开通类订单的要求，实现开通工单的控制管理，并执行相应的服务开通过程。移动业务的开通主要是将指令发送给 HLR、业务平台等，固定业务的自动开通一般是将指令发送给专业综合网管系统或网元管理系统，通过网管系统实现对固定交互设备的自动或手动开通处理。

服务开通负责接收来工单／指令，并进行处理，形成具体网元能够识别的指令后，将这些指令发送给服务激活模块。

服务激活负责接收服务开通系统发送的开通指令，并将正确的网络命令通过网络接口协议发送给相应的网元设备管理系统，并且对网元返回的结果进行处理，确保开通指令能够正确被执行。

2.2.2.6　合作伙伴管理

合作伙伴关系管理的功能范围涵盖与 SP/CP、服务提供合作伙伴的关系管理和联盟管理的所有功能，还包括合作伙伴的结算管理。合作伙伴管理建立了多个合作伙伴与客户联系的渠道，这里提到的合作伙伴包括服务 / 内容提供商（SP/CP）、服务提供合作伙伴（民航、保险、酒店餐饮、金融、商城、租车、旅游等）。

合作伙伴管理包括合作伙伴的开发与绩效管理、资料管理、协作与培训、产品目录、问题管理、结算管理等功能域。

开发与绩效管理使得企业招募、准备和监督各类合作伙伴与电信运营商共同面向客户进行运营与服务，包括确认潜在的合作伙伴、建立合作关系及对合作伙伴的绩效考核管理。

协作与培训与合作伙伴在客户解决方案的执行中共同工作，保持相互间的合作，通过知识和信息的分享和进一步的协调获取更好的商业机会和服务客户。通过网络渠道，管理从开发产品、服务到提高技术或竞争力的学习过程。

资料管理负责和维护合作伙伴的基本信息和账户信息

产品目录管理合作伙伴准入的产品目录，并为产品的协作销售提供支持。

问题管理是使合作伙伴可以电子化管理，并支持使用自我服务工具完成从问题确认到问题解决的流程，电信运营商与相关合作伙伴在面向客户进行共同运营和服务过程中产生的所有问题都需要在此管理。

合作伙伴结算管理是运营商与合作伙伴之间根据结算规则完成收入分摊、核对和支付的过程，结算规则、支付方式等内容来自合作协议或合同。

2.2.2.7　其他功能

其他功能主要是 BSS 的公用功能，一般包括系统管理、业务局数据管理、数据一致性管理、计费账务稽核和统计报表等功能。

2.2.3　与其他系统的协作

BSS 核心应用系统需要与其他系统接口协作。

首先需要与 CRM 系统协调好有关的数据源分布。例如，客户域数据统一在 CRM 系统管理，同步到 BOSS 中；账务域数据统一在核心应用系统管理，账户信息以 CRM 系统为主，同步到核心应用系统；市场营销域和资源域数据、产品域面向客户和销售的产品信息定义统一在 CRM 系统管理。合作伙伴域的渠道信息由 CRM 系统管理，合作伙伴信息由核心应用系统管理。

经营分析系统需要提取 BSS 核心应用系统的相关数据，建立统一的数据信息平台，并采用数据仓库技术和分析挖掘工具，核心应用系统与经营分析系统之间也存在闭环流程。

BSS 核心应用系统需要与网络及网管系统接口，完成服务开通、计费采集、在线计费信息交互、数据一致性稽核采集接口和信息同步等。

BSS 核心应用系统存在大量外部接口。BSS 核心应用系统需要与银行系统接口，支持客户通过金融系统办理缴费等业务，如托收、代扣等，与银行系统的接口对实时性、准确性要求非常高。BSS 核心应用系统与其他电信运营商支撑系统的接口主要用于漫游结算和网间结算的数据交换，还可向业务合作伙伴系统提供部分自助客户服务的功能，包括查询、对账、咨询、投诉等。

2.2.4　发展趋势

在 BSS 的建设过程中，需要从企业发展的战略高度审视 BSS，必须与企业的发展战略、业务发展策略、市场营销策略以及业务流程的优化、运维模式的调整等紧密结合起来，坚持"统一规划、分步实施"的理念，BSS 核心应用系统应向"集中化、服务化、标准化"的方向发展。

"集中化"指的是系统功能与建设模式的发展方向，这二者是相辅相成、相互影响的。通过近几年集中化工作的逐步深入，无论在系统的支撑能力，还是在系统投资、管理维护等方面都为各大运营商带来了明显的收益，必然进一步促进运营商对集中化工作的热情与投入。

"服务化"是针对系统的建设理念而言。BSS 系统自身特征决定了它应该成为运营商的运营驱动力，应该具备两种支撑能力：一是对运营过程的支撑能力，一是业务的支撑能力。由此可见，BSS 真正成为了企业的核心竞争力。

"标准化"是系统的技术架构发展方向。在移动互联网时代，市场、客户、业务对 BSS 必然会提出更多、更高的要求，在这种情况下必须具有一套面向全企业的数据结构规范、系统接口规范或信息集成规范，这是实现信息共享的基础，也是实现系统的模块化与松耦合的保障，这样才能具有更多的灵活性。BSS 将实现计费应用向云化架构迁移，通过高效可靠的分布式计算调度，构建面向密集计算的计费应用云，确保实时计费应用的高并发处理能力。在 BSS 数据层，合理整合核心数据，采用分布式内存数据库集群技术，支持内存数据的高水平扩展，实现实时计费应用对内存数据的大量并发高效访问。

建设"绿色"支撑系统是 BSS 基础设施的发展方向。节能减排、绿色环保将是我国今后指导各项产业发展的一项长期国策，支撑系统作为耗电大户，必须要采用、研究各类新技术、新方法，降低能源的消耗。

2.3　呼　叫　中　心

2.3.1　系统概念

2.3.1.1　呼叫中心的定位

呼叫中心作为业务支撑系统 CRM 面向用户的渠道之一，主要利用现代通信和计算机技术，通过特服号码提供运营商与客户之间非面对面的服务，以处理大量不同的电话呼入与呼出业务和服务的操作，达到客户服务、销售及市场推广等多种目的。呼叫中心随着服务渠道向互联网扩展，目前也可通过网页互动、文字交互、VoIP 对互联网用户提供服务。

呼叫中心通过与 CRM 系统的互动，获取客户资料等信息，并通过自动语音应答系统对客户提出的一般性问题进行自动答复，对个性化问题（如投诉等业务）由坐席人员提供服务。随着 CRM 系统的逐步完善，通过对客户资料等信息的深度分析，向呼叫中心输出各种信息，并通过呼叫中心实现外呼业务，使呼叫中心从单一的客户服务向盈利中心转变，从而更好地服务于客户，为运营商提升形象和加强服务提供更好的支撑。简而言之，呼叫中心对于电信运营商非常重要，主要表现在以下几个方面。

- 整合企业与客户之间的沟通渠道，建立以客户为中心的服务模式；
- 高质量、高效率、全方位地为客户提供多种服务；
- 提升企业品牌及客户忠诚度，吸引新的客户并留住现有客户；
- 提供客户个性化服务及差异性服务，取得竞争优势；
- 多种渠道供客户选择，并提供 7×24 小时服务，提高客户满意度。

2.3.1.2 呼叫中心的发展过程

从概念上讲，呼叫中心已经由原先简单的呼叫中心发展成为现在的客户接触中心或客户服务中心。从技术发展阶段来说，呼叫中心发展到今天，主要经历了以下 4 个阶段。

第一代呼叫中心：这是呼叫中心的最初阶段，在这个阶段，客户通过电话向企业的业务代表提出咨询，和企业取得联络请求服务。这个阶段呼叫中心的服务内容很少，组成上主要包括 PBX/ACD 和人工座席。

第二代呼叫中心：为了高效率地处理客户提出的具有普遍性的问题，不需要人工座席介入的交互式语音应答系统（IVR）应运而生。为了方便向用户提供增值业务，数据库技术也引入到呼叫中心。这个阶段呼叫中心的业务内容逐渐丰富，组成也逐渐复杂，主要包括 PBX/ACD、IVR、人工座席和数据库系统。

第三代呼叫中心：20 世纪 90 年代发展起来的计算机电话集成技术（CTI），可以将通过电话的语音和通过计算机及网络获取的数据（如客户信息等）进行集成和协同。CTI 技术的引入使呼叫中心发生了飞跃性的变革，使用 CTI 技术，在客户来话被接听之前，就有可能根据系统取得客户信息、客户联络历史、呼叫中心的资源状况等，将该来话路由到最适合为其服务的服务代表，从而减少呼叫被转接的次数，提高服务的个性化。这个阶段的呼叫中心主要包括 PBX/ACD、IVR、CTI 服务器、人工座席、数据库系统。

第四代呼叫中心：随着互联网、移动通信的发展，人们越来越习惯于通过 Web、电子邮件、WAP、短消息等方式进行交流，于是，呼叫中心支持多种联络媒体，如电话、传真、Web、电子邮件、WAP、SMS 等就显得非常必要。另外，企业为了建立良好的客户关系，建设 CRM 以获取持续的竞争优势也就成为必然。这个阶段的呼叫中心，内容最丰富，而结构最复杂，除了包括 PBX/ACD、IVR、CTI 服务器、人工座席、数据库系统外，还需要支持通过互联网、WAP、短消息接入，需要与 CRM 接口等。

2.3.2　系统功能

2.3.2.1　系统架构

呼叫中心可以认为由基本部分和扩展部分组成。基本部分是呼叫中心的必要组成部分，主要包括自动呼叫分配设备（ACD）、交互式语音应答系统（IVR）、CTI 服务器、人工座席、数据库服务器、管理平台等。扩展部分是随着呼叫中心技术的发展而逐渐丰富的，扩展部分目前主要包括 Web 服务器、电子邮件服务器、传真服务器、IP 电话网关等。呼叫中心的系统架构如图 2-2 所示。

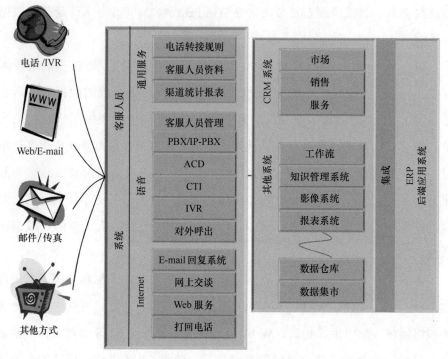

图 2-2　呼叫中心架构示意

2.3.2.2　主要组成

呼叫中心可分为接触传递系统、接触处理系统、运营管理系统、数据分析系统、网络与系统管理系统等。

（1）**接触传递系统**

接触传递系统用于传递客户呼入和呼出，包括 ACD（自动呼叫分配）、IVR（交互语音应答）和 CTI（计算机电话集成）。ACD、IVR、CTI 这三种技术组件关联整合在一起，组成了接触传递的基本平台，另外还包括呼出系统、传真系统、短信平台、Web 传递等。

ACD 是呼叫中心综合接入平台，进行基本呼叫分配管理，具有呼叫路由、智能路由、技能路由等，支持合群拨入、分群受理等。CTI 是计算机系统与电话系统之间联系的桥梁，通过 CTI 技术，坐席员既能接听客户电话，又能同时访问客户数据信息。CTI 能够记录呼叫信息，配合 ACD 进行呼叫路由，与 ACD 一起完成整个呼叫过程。当呼叫到达坐席员的话机时，数据也同步通过计算机网络传递到坐席员桌面系统。另外，CTI 还提供对 Web、E-mail 等多渠道的集成。IVR 是呼叫中心的语音部分，为客户提供服务引导提示音和经授权的自助服务，同时通过语音或传真等为客户提供反馈信息。呼出系统，通过开展呼出业务，包括欠费催缴、客户关怀、客户回访、满意度调查、产品广告、业务通知和电话销售等，拓展呼叫中心由单一被动呼叫向主动和被动相结合的互动式服务转变。传真系统，客户可通过传真方式与呼叫中心联系，呼叫中心也可人工使用或通过 IVR 等自动方式调用传真系统与客户联系。短信平台，与外部短信网关连接，通过与桌面等系统的集成，并经其调用与客户进行联系。Web 传递平台与互联网连接，通过网上自助服务与客户建立联系。

（2）接触处理系统

接触处理系统主要提供用户与呼叫中心建立联系后处理客户咨询的支撑功能，包括桌面系统、知识管理、工单管理等。

桌面系统主要提供包括坐席员日常工作需要的 CTI 基本功能、客户服务功能和系统管理所需要的功能。

知识管理主要实现业务知识的收集、管理、共享和维护功能，支撑坐席员根据客户的问题，快速、全面、准确地查找相关信息，辅助坐席员有效解答用户的问题，提高客户咨询的准确率和满意度。

客户通过呼叫中心的投诉、咨询、建议等，在坐席员无法直接答复客户时将形成电子工单，对呼叫中心综合处理席无法处理的工单将会被提交给其他相关业务支持部门，处理完毕后返回呼叫中心并反馈给客户，从而形成工单的闭环。工单管理包括工单闭环流程、工单的监控管理、工单的查询与统计分析。

（3）运营管理系统

运营管理系统主要提供为满足客户服务所需的呼叫中心后台支撑管理功能，包括劳动力管理系统、质检系统、现场管理系统、运营报表系统和在线培训系统等。

劳动力管理系统是可以使复杂的、任务繁多的呼叫中心人力资源管理达到最佳化的系统，可帮助呼叫中心的管理者方便、准确地预测呼叫中心即将到来的电话数量和以电子邮件、传真形式或从互联网、手机短信等渠道提交的客户服务请求量。根据呼叫中心所承诺的客户服务水平计算每小时需要的坐席员数量，并计算出预测情况与实际情况的准确度，同时更简单地安排坐席员的班次、休息时间、午休时间。劳动力管理主要包括预测、排班、实时准确度分析与报表生成功能。

质检系统主要运用多媒体录制工具，对整个呼叫中心的服务质量进行监测和质检，主要包括实时监控、同屏监测、计分与评估等。

现场管理系统实现信息、系统、工单、人工坐席等状况的实时传递、发布，将呼叫中心运营状况、实时统计指标展示给运营管理人员，按适当权限展示给坐席员。

运营报表系统用于实现呼叫中心各类信息系统的数据采集、数据汇总、综合查询、报表生成等功能。

在线培训是一种十分有效并灵活的培训坐席员的方式，坐席员可以通过浏览器下载感兴趣的课程，或按照预先设计好的课程表在时间允许时进行自学。与传统的课堂培训学习方式相比，在线培训提高了培训的灵活度，同时大大降低了培训成本。

（4）数据分析系统

数据分析系统包含两个层面，一是基于运营数据库与其他系统的客户数据建立一个支持客户服务所需的数据分析的数据中心，即分析数据库；二是运用商业智能引擎，在分析数据库基础上进行深层次的数据挖掘与智能分析。数据分析系统建立后，对呼叫中心的各项业务提供支持，具体包括用户分层服务、呼出业务等。

（5）网络与系统管理系统

网络与系统管理主要提供呼叫中心的安全管理和网络管理功能。

2.3.3 发展趋势

呼叫中心原来指的是企业的服务热线，如中国电信的"10000"、中国联通的"10010"和中国移动的"10086"等，但随着发展，呼叫中心有了全新的定义和功能。呼叫中心一方面能保证为客户提供快速方便的服务，另一方面保证在未来新业务开放的情况下，系统能及时提供相应的功能保证。从更高的角度来看，呼叫中心要实现多元化服务、个性化服务、交互式服务和异地服务。多元化服务即系统能为客户提供多种接入渠道、多项使用功能、多样的服务项目；个性化服务即能识别客户身份，根据不同客户的要求和系统数据，提供不同的服务和相应的营销，实现准确的服务；交互式服务主要是改变以往只有被动接受客户要求的状况，通过主动调查市场，与客户联系，了解客户需求，提供主动的服务和营销，同时增加系统的客户参与功能，鼓励客户进行自助服务。

从呼叫中心的功能应用上看，目前业务支撑系统的呼叫中心市场尚处于运作型阶段，主要应用在查询、咨询、售后服务、投诉等方面，其他类型的应用，如电话营销、电话调查等较少。使用呼叫中心的部门主要集中在客户服务及售后服务部门，其他部门诸如市场部、营销部等应用则较少。随着呼叫中心向利润中心转变的需求越来越强，"互动营销中心"是呼叫中心发展的必然的趋势，电信运营商会将更多的业务功能与应用，通过与呼叫中心的整合实现。

目前很多现代企业都将呼叫中心改称为客户接触中心，因为企业已经意识到客户除了使用电话，还应有多种渠道与企业进行接触，因此呼叫中心逐渐发展成为下一代多媒体呼叫中心。下一代多媒体呼叫中心的主要特征有：支持 IP 语音处理、支持多种受理渠道的统一受理、支持平台间的话务调度处理。在技术实现上，下一代多媒体呼叫中心采用 NGN 的技术架构，将呼叫承载和呼叫控制分离，支持与 IP 软交换核心网直接对接，可以有效提高呼叫的处理能力。下一代多媒体呼叫中心不仅可以支持包括语音、视频等实时媒体的处理，还支持电子邮件、短消息、多媒体消息等消息媒体的处理，可以为呼叫中心应用提供丰富多彩的受理渠道。下一代多媒体呼叫中心对多媒体的处理采用统一接入、统一路由、统一受理。下一代多媒体呼叫中心不仅可以完成本地座席的调度、远端座席的调度，而且可以完成不同平台之间的话务调度。

2.4 经营分析系统

2.4.1 系统概念

经营分析系统提取业务支撑系统和其他系统的相关数据，建立统一的数据信息平台，并采用数据仓库技术和分析挖掘工具，为客户服务、市场营销、经营决策等工作提供有效支撑。

2.4.1.1 数据仓库与数据集市

众所周知，经营分析系统是基于数据仓库构建的。什么是数据仓库？数据仓库是一个面向主题的、集成的、相对稳定的、反映历史变化的数据集合，用于支持管理决策。

（1）*数据仓库*

数据仓库提供用户用于决策支持的当前和历史数据，这些数据在传统的操作型数据库中很难或不能得到。数据仓库技术是为了有效地把操作型数据集成到统一的环境中以提供决策型数据访问的各种技术和模块的总称。

电信运营商经过多年建设拥有了大量的业务系统，从公司经营管理层面看，单纯一个系统的数据显然无法满足管理及市场的需要，数据仓库可以将分散在各个系统、存在大量冗余及无效信息的数据进行筛选和集成，形成统一的、高效的、数据组织与数据结构适合经营分析类应用的数据提供源，并提供了适合经营分析类应用的各类辅助工具。因此，数据仓库不能仅仅看成一个系统或产品，而是一整套适合经营分析类应用的环境。

数据仓库具有4个主要特征。一是面向主题，操作型数据库的数据组织面向事务处理任务，而数据仓库中的数据是按照一定的主题域进行组织。二是集成，数据仓库中的数据是在对原有分散的数据库数据抽取、清理的基础上，经过系统加工、汇总和整理得到的，保证数据仓库内的信息是关于整个企业的一致的全局信息。三是相对稳定，数据仓库的数据主要供企业决策分析之用，所涉及的数据操作主要是数据查询，一旦某个数据进入数据仓库以后，一般情况下将被长期保留。四是反映历史变化，数据仓库中的数据记录了企业从过去某一时点到目前各个阶段的信息，基于这些信息，可以对企业的发展历程和未来趋势做出分析和预测。

（2）数据集市

数据集市可以视为数据仓库的一个子集，当经营分析系统需要为企业的单个部门或市场经营活动中的某个市场地域提供专业应用时，就需要建立数据集市。数据集市是根据使用对象的实际需求，从数据仓库环境中提取所需要的信息而构成的。

2.4.1.2 指标与维度

指标是指企业根据自身经营分析的应用需求提出的企业所关注的信息类型，如网上用户数、ARPU 值等都属于指标类数据。由于数据仓库是面向主题的，因此，指标的制订及组织形式也是面向主题的，应用时需要制订数据模型规范。

维度主要是指描述指标的角度，维度是为指标服务的。例如，对于ARPU 值指标，可以按不同的地市进行分析，也可以按用户的年龄、职业等信息进行分析，地市、用户年龄、用户职业就是维度。需要指出的是，一个维度是可以包含多个度量字段的，而非必须为一个字段。

2.4.1.3 ETL、OLAP 和数据挖掘

（1）ETL

ETL 即数据抽取（Extract）、转换（Transform）、装载（Load）的过程，是构建数据仓库的重要环节。因为原始数据中可能存在噪声数据，如数据输入错误、重复记录、丢失值、拼写变化等，必须经过数据清洗和转换，才能最终装载到数据仓库中。

（2）OLAP

联机分析（OLAP）是由关系数据库之父 E.F.Codd 于 1993 年提出的一

种数据动态分析模型，允许以一种称为多维数据集的多维结构访问来自数据源的经过聚合和组织整理的数据。OLAP 将数据分为两种特征，一种为表现特征，如一个销售分析模型中的销售额、毛利等；还有一种为角度特征，如销售分析中的时间周期、产品类型、销售模式、销售区域等，前者是被观察的对象。显然，前面所阐述的"指标"、"维度"等概念都是为了联机分析服务的。

OLAP 在实际应用中由专用的 OLAP 工具软件完成，该类软件的主要功能有多维观察、数据钻取、Cube（超立方体数据）运算、数据旋转、数据切片等。

（3）**数据挖掘**

数据挖掘是从海量的、不完全的、有噪声的数据中挖掘出隐含的、未知的、用户可能感兴趣的和对决策有潜在价值的知识和规则。数据挖掘是从大量数据中寻找其规律的技术，在自身发展的过程中，吸收了数理统计、数据库和人工智能中的大量技术。目前主要包括以下 6 类分析方法：分类、估值、预言、相关性分组或关联规则、聚集、描述和可视化。使用数据挖掘，可以进行客户细分、成本及效益预测、产品和资费设计分析等。

（4）**OLAP 与数据挖掘的区别**

OLAP 所分析的数据信息都是已经存在的，OLAP 是通过不同的维度或维度组合观察这些数据；而数据挖掘所得到的数据信息多数原本是不存在的，而是通过数据挖掘过程（利用特定的算法和业务知识）创造了这些数据。

在实际应用中，OLAP 与数据挖掘应用有一个重要的共同点，就是其应用的效果非常依赖分析人员的业务知识和水平。因为 OLAP 的维度及数据挖掘的数据参数均是由业务专家设定的，而这些设定直接决定了 OLAP 和数据挖掘的质量及应用效果。

2.4.1.4　其他相关概念

（1）**元数据**

元数据是描述数据仓库内数据的结构和建立方法的数据。元数据为访问数据仓库提供了一个信息目录，这个目录全面描述了数据仓库中都有什么数据、这些数据怎么得到的和怎么访问这些数据。元数据可以理解为"描述数据的数据"。

（2）*星型模型*

星型模型是一种多维的数据关系，由一个事实表（即指标）和一组维表（即维度）组成。每个维表都有一个维作为主键，所有这些维组成成事实表的主键。数据仓库中大量数据均采用星型模型存储，星型模型的数据既可以存储在数据库中，利用数据库表进行存储，也可以采用数组矩阵的方式存储在文件中。无论采用何种方式存储，一般都会使用数据压缩技术，以减少存储空间的使用。

2.4.2　系统功能

2.4.2.1　系统架构

经营分析系统的系统架构一般如图 2-3 所示。

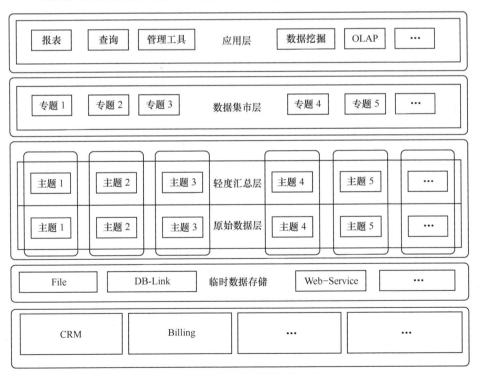

图 2-3　经营分析系统架构示意

数据集市层的作用主要是面向分析类应用构建数据存储，为主题分析提供数据，为报表和指标体系提供数据支撑、支持专题分析。数据集市层按分析类应用进行主题组织，数据存储粒度的特点是中度、高度的汇总数据。轻度汇总层的作用主要是扩展 BSS 核心业务实体的衍生信息，支撑数据集市层数据的生成、预处理，提高性能，支撑专题分析和数据挖掘。轻度汇总层按主题组织，对客户、订购实例、渠道、产品等数据进行轻度加工。原始数据层的作用主要是提供业务系统细节数据的长期沉淀，为未来分析类需求的扩展提供历史数据支撑，支撑轻度综合层数据生成。原始数据层按主题组织，存储详单、客户资料等细节数据的原始粒度。临时数据存储的作用主要是提供业务系统数据文件的临时存储、数据稽核、数据质量保证、屏蔽对业务系统的干扰、屏蔽数据源的差异。临时数据存储层按主题组织，存储详单、客户资料等细节数据的原始粒度。

数据处理流程如图 2-4 所示。

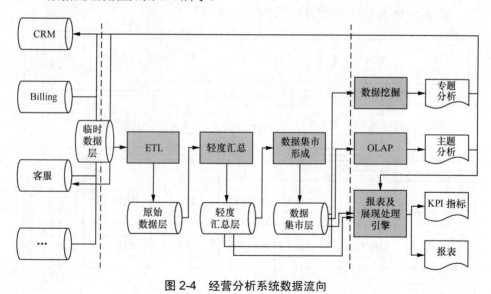

图 2-4　经营分析系统数据流向

2.4.2.2　系统功能

经营分析系统的功能主要可分为三大类：操作类功能、报表类功能、分析类功能。

操作类功能主要包括用户管理、权限管理、系统参数设定、界面参数设定等应用软件应具备的一系列基础功能。

报表类功能主要包括生成综合类报表、专业部门报表，生成固定类报表、临时类报表等。另外，实时生成报表（或即席查询）也是经营分析系统的重要功能。

分析类功能是经营分析系统的核心功能。面向运营商关注的各个业务主题在较高层次上将企业信息系统中的数据进行归并及抽象，体现出分析对象的各项数据及其相互联系。另外，分析类功能还包括对部分特定业务问题的细化和深入分析。各种分析主题有收益情况分析、业务情况分析、市场竞争分析、客户情况分析、合作伙伴分析、服务质量分析、增值业务及数据业务发展分析、产品预演和评估、渠道分析专题、客户细分、客户洞察等。

2.4.3　发展趋势

从我国电信运营商经营分析系统建设的历程看，系统建设一般都经过了以下三个阶段。

系统引入和搭建阶段。最初在运营商的支撑系统序列中，没有经营分析系统，各个业务系统一般仅具备独立的报表系统。随着企业管理的精细化与市场竞争的需要，运营商先后在系统建设中引入了经营分析系统，按照数据仓库的建设原则和方式，搭建企业的经营分析系统。这个阶段系统的主要特征是服务于企业管理，为企业提供丰富的报表内容；OLAP 与数据挖掘应用场景较少；系统与其他系统的交互和反馈较少。

深入分析和系统互动阶段。随着系统建设的深入，运营商对经营分析系统提出了更高的要求，经营分析系统也逐步参与到与其他系统的互动当中。该阶段的主要特征是系统服务的目标由面向管理逐步转到面向客户、面向市场；OLAP 分析应用普遍和深入；系统为其他系统提供了重要的支持，特别是在精细化营销、客户维挽及绩效考核等方面发挥了比较重要的作用。

深化数据挖掘及决策支撑阶段。该阶段经营分析与决策支撑系统在运营商支撑系统序列中的地位进一步得到加强，主要特征是系统的数据挖掘应用得到进一步深化，数据挖掘中的预测、估值及聚集等分析方法得到更多的应用；系统对企业经营行为的预测和评估能力得到加强；系统对企业经营决策的参考和指导意义进一步加强等。

目前，经营分析系统在各个运营商中都经过了 3 ～ 4 次的大规模新建或版本升级过程，系统的发展程度基本处于第三阶段。经营分析系统在未来几年的发展过程中，将持续引入跨域数据，丰富经营分析系统能力，有效发挥大数据的应用价值。随着经营分析系统的应用逐步向深层次发展，系统功能得到充分利用，经营分析系统将在运营商支撑系统序列中发挥"神经中枢"的作用，并逐步向企业级决策支持系统方向发展，从而为运营商创造更多的价值，提升企业核心竞争力。

思 考 题

1. 简要描述客户关系管理系统的功能。
2. 客户关系管理系统的发展趋势是什么？
3. 简要描述综合采集的大致处理流程。
4. 简要分析融合计费的内涵，描述融合计费的基本处理流程。
5. 呼叫中心主要包括哪些功能？
6. 简述呼叫中心的发展趋势。
7. 简述经营分析系统的系统架构、数据仓库分层作用和数据流向。
8. 简述 OLAP 分析与数据挖掘的异同。
9. 经营分析系统的功能主要有哪些？

第3章
运行支撑系统

    运行支撑系统（OSS）源自于 ITU-T TMN OS 的概念，目前业界对 OSS 并没有一个统一的定义。OSS 是电信运营支撑 IT 系统的重要组成部分，通过对基础通信网络、业务网络、客户网络和应用的管理，有效支撑前端面向客户的产品销售和客户服务，主要面向客户、产品、网络提供基础网络及产品服务支撑能力。

    OSS 主要由 OSS 核心应用、门户、公共平台等组成。OSS 核心应用是指 OSS 核心系统和基础系统，满足系统业务流程设计和功能需求，主要包括开通系统、服务保障系统、资源管理系统、服务及网络管理系统、专业网络管理和适配系统等。OSS 公共平台为 OSS 核心应用提供技术服务公共平台，OSS 门户基于统一门户实现运维门户应用。

    OSS 与其他电信运营 IT 支撑系统产生业务运营流程关系，与 BSS 边界主要体现在开通和保障流程中，与 MSS 边界主要体现在实物管理和资产特性管理。此外，厂商设备网管、多厂商专业网管、多专业综合网管和网络适配以及业务的激活、配置、测试、监控和故障处理属于 OSS 范畴。

    结合 IT 发展和应用的成熟，OSS 目前主要采用应用集成、网络适配、数据集中管理等系统集成技术。其中应用集成是基于 SOA 的架构，采用集中式总线型结构，实现总部和省份两级系统间互联互通和数据交互。网络适配平台作为逻辑组件，通过统一适配标准，屏蔽不同厂商网络技术和接口标准的差异，实现核心应用系统与 NMS/EMS/ 网元的数据交互。数据集中管理用于收敛 OSS 各生产系统中的运营数据，实现原始数据和分析数据的集中共享，提升运营数据的质量，支撑跨系统的数据分析应用。

3.1   网管系统体系结构

电信网络管理系统的体系结构基本分为 3 类，基于 OSI（开放式系统互联）/CMIP（通用管理信息协议）的网管体系结构、基于 SNMP（简单网管协议）的网管体系结构和 TMN（电信管理网）网管体系结构。

3.1.1   基于 OSI/CMIP 的网管体系结构

OSI 系统管理模型是现代网络管理模型的起点，也是理论上最完善、功能上最强大的模型。OSI 网络管理体系结构采用了面向对象的设计，应用了面向对象概念，包括继承、包含、管理对象间的关联等，其体系结构由 4 个主要部分组成：信息模型、组织模型、通信模型和功能模型。

信息模型：提供了描述被管对象和相关管理信息的准则，包括一个管理信息结构、命名等级体系、管理对象定义。采用面向对象的方法建立和管理相关的资源模型，由此产生了一套构造管理信息库的方法。

组织模型：用于描述管理任务如何分配，采用管理系统和代理系统的模式，定义管理角色。

通信模型：包括三种交换管理信息的机制，应用管理、层管理和层操作。其中应用管理是应用层管理应用程序之间的通信，层管理是特定层管理实体之间的通信，层操作是标准协议实体之间的管理通信。

功能模型：包括配置、故障、性能、安全和计费管理 5 个功能域。

支持网络管理的服务称为公共管理信息服务（CMIS），而公共管理信息协议（CMIP）定义了如何实现 CMIS，即定义了协议交换中的 PDU 及其传送语法。

从组织模型来说，所有 CMIP 的管理者和被管代理者存在于一个或多个域中，域是网络管理的基本单元。从功能模型来说，CMIP 主要实现故障管理、配置管理、性能管理、计费管理和安全性管理，每种管理均由一个特殊管理功能领域实现。从信息模型来说，CMIP 的 MIB 库是面向对象的数据存储结构，每一个功能领域以对象为 MIB 的存储单元。

CMIP 是一个完全独立于下层平台的应用层协议，相对来说，CMIP 是一个相当复杂和详细的网络管理协议，其设计宗旨与 SNMP 相同，但用于监视网络的协议数据报文要相对多一些。在 CMIP 中，变量以非常复杂和高级的对象形式出现，每一个变量包含变量属性、变量行为和通知。CMIP 中的变量体现了 CMIP MIB 的特征，并且这种特征表现了 CMIP 的管理思想，即基于事件而不是基于轮询，每个代理独立完成一定的管理工作。

CMIP 主要用于 OSI 七层模型中较高层次的管理，可以实现不同厂商网络管理工具的相互通信，其优点是可互操作、适用范围比 SNMP 更广、功能更强、更多、更可靠；缺点是协议复杂、庞大、难于理解，系统开发和实施的难度较高。

3.1.2　基于 SNMP 的网管体系结构

SNMP 是为了管理 TCP/IP 网络提出来的模型，SNMP 网管体系结构由管理者（Manager）、代理（Agent）和管理信息库（MIB）三部分组成。管理者（管理进程）是管理指令的发出者，管理者通过各设备的管理代理对网络内的各种设备、设施和资源实施监视和控制；代理负责管理指令的执行，并且以通知的形式向管理者报告被管对象发生的一些重要事件；管理信息库是对管理对象结构化组织进行抽象形成的概念化数据库，各个代理负责管理 MIB 中属于本地的管理对象，各代理控制的管理对象共同构成全网的管理信息库。网络管理者与被管设备的网管代理之间交互管理信息采用 SNMP，SNMP 在计算机网络中应用广泛，成为事实上的计算机网络管理标准。SNMP 最重要的特点是采用简单的管理信息模型和管理功能，其管理信息是简单数据类型定义，存取简单、传递成本低、处理方便，这种简单性是它得到众多厂商支持的根本原因。但是 SNMP 也有一些自身难以克服的缺点，例如，SNMP 基于轮询机制存在性能问题，SNMP 的 Trap 无确认可能，导致不能确保非常严重的告警是否发送至管理者，安全管理较弱等。

3.1.3 TMN 网管体系结构

TMN（Telecommunication Management Network，电信管理网）是 ITU-T 自 1985 年以来定义的一套国际规范，这套规范建立了一个标准的电信管理框架，采用通用网络管理模型概念、标准信息模型和标准接口完成不同设备的统一管理。TMN 的管理体系结构可以从 4 个方面进行描述，即功能体系结构、物理体系结构、信息体系结构和逻辑分层体系结构。TMN 的信息体系结构基本上采用 OSI 系统管理概念和原则，如面向对象的建模方法、管理者与代理、MIB 等。

ITU-T 提出的 TMN 框架长久以来一直指导着电信领域的网管建设。在其体系结构中，TMN 定义了一个分层管理结构，该结构从低到高分为 5 层，依次为网元层（Element Layer，EL）、网元管理层（Element Management Layer，EML）、网络管理层（Network Management Layer，NML）、业务管理层（Service Management Layer，SML）和事务管理层（Business Management Layer，BML）。各层相对独立，层与层之间由 Q 参考点分割，其中网元层属于被管理层，其他 4 层属于管理层。

TMN 将网管功能划分为五大部分，分别为告警管理、配置管理、计费管理、性能管理和安全管理，即网管的 FCAPS 功能。但是，这些管理功能仍然仅仅是面向网元管理和网络管理，对更高层次的业务管理和事务管理未做深入说明。因此，TMN 主要是以底层网络管理为出发点，难以直接应用 TMN 解决面向客户、面向业务的商业问题。

3.2 专业网管系统

3.2.1 系统概念

电信运营商网络由多个专业技术通信网络构成，如传输网、无线网、交换网、数据网等，这些专业网络相互协作，为用户提供各种通信业务和服务。电信运营商在建设专业网络的同时，需要针对这些专业网络建设各种专业维护管理系统。

专业网管系统是电信网络运行、维护和管理的主要单位系统，完全依据电信运营商的技术规范，一般基于 EMS、OMC 或直连网元等，对专业网元和网络进行管理，是由设备厂商之外的第三方厂商开发的对某个专业网络进行管理的网管。目前常见专业网管系统包括传输专业网管、交换专业网管、数据专业网管、业务平台网管、移动通信网管、IT 网管、无线网优以及动环监控等。

3.2.2 系统功能

3.2.2.1 系统主要功能

专业网管系统的主要功能包括故障管理、配置管理、性能管理、安全管理。专业网络管理系统框架如图 3-1 所示。

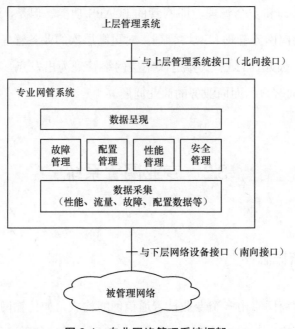

图 3-1　专业网络管理系统框架

（1）故障管理

故障管理检测和确定网络中发生的异常事件，并用日志记录网络的故障情况，根据故障现象采取相应的跟踪、诊断、测试和恢复措施，主要包括故障检测、故障告警、故障定位、故障隔离、故障诊断、故障恢复和故障记录等功能，故障管理保障了网络的最大可用时间。

（2）配置管理

配置管理的主要功能包括资源配置和业务配置。资源配置包括配置网络的软硬件设备、修改或增加网络资源、为修复网络故障而进行的网络重配置等；业务配置主要是增加或修改用户的业务请求。

（3）性能管理

性能管理包括对网络中各种被管设备的性能监测、网络业务量的分析、资源利用率的分析等。网络管理员根据网络的运行指标、用户对网络运行状况的反馈信息以及收集到的各种统计数据，分析网络性能，即时发现网络中的潜在问题，进行网络优化。

（4）**安全管理**

安全管理为保障网络安全，对各种安全措施进行管理，安全措施包括身份验证和鉴权、访问控制、日志与审计等。

3.2.2.2　系统架构

一般网管系统的技术实现架构包括以下三个层面。

数据采集层：主要负责网络配置和性能、告警数据采集和网元操作维护的接口管理。

数据处理层：主要负责采集数据的归一化处理，在时间、地域、网元等各种维度上进行数据汇总，对数据进行标准化建模，并为上层应用提供不同维度和粒度的预处理数据。

应用服务层：实现系统各种业务功能。

3.2.2.3　系统接口

专业网管系统对外接口主要有面向被管专业网设备的南向接口和面向上层管理系统的北向接口。

南向接口位于专业网设备与专业网管系统之间，可通过 Qx 接口、SNMP、Syslog、FTP、Telnet 等协议实现。

北向接口位于上层网管系统与专业网管系统之间，如 CORBA（Common Object Request Broker Architecture）、SNMP、MTOSI 等，支持上级网管系统通过相应的协议接入。

3.2.3　发展趋势

电信运营商对专业网络采用分级、分段的维护管理模式，在总部和省份建设多套不同厂商 EMS 网管和总部 / 省网集中的专业网管系统，形成以网元—EMS—NMS 体系构建的网元—厂商网管—专业网管体系。由于厂商网管系统底层技术私有性，不同厂商跨域、跨层次的 EMS 网管相互独立，专业网管难以实现面向客户和业务的集中呈现与管理，存在技术架构封闭、管理能力和客户服务能力较弱等问题。系统在能力开放、数据共享、系统扩展和长期演进方面，端到端业务管理、故障精确定位和自动化运维方面，面向客户的端到端网络及业务性能和质量监控方面能力不足。

目前，基于网络分级、分段传统规划建设和维护管理模式的专业网管系统，已不能完全满足电信运营商运维体制和网络技术的发展要求。为满足面向客户和业务的端到端集约化、精细化、自动化维护要求，专业网管系统向集中建设跨、域跨层次发展、具有端到端监控和分析能力，提供面向网络、面向业务、面向客户的差异化运营支撑能力发展。电信运营商根据企业转型战略和运维管理体制转变的要求，结合网络技术、IT、网管系统未来的发展趋势，从"去电信化"的角度构建开放的、具备长期演进能力的专业网管系统架构，以"面向客户"和"面向业务"为导向规划全新的专业网管服务。

3.3　综合网管系统

3.3.1　系统概念

长期以来网管系统的专业化和综合化一直是困扰网管发展的问题。专业网管系统实现了对本专业网内的网元设备的监控和管理，大多由不同的维护人员使用，专业网管彼此之间是孤立和割裂的。这种网管方式割裂了电信网络本身的有机联系，导致整个网络的管理分散，形成了一个个管理孤岛，业务的开通需要各专业网管彼此大量协调配合，难以进行跨专业网的相关性事件分析，难以实现全网统一调度和管理。各管一段的横向管理方法，必然与业务的纵向实施产生矛盾。

因此，电信运营商迫切需要在各个专业网管系统的基础上，建立更高层面的、全网性的、涵盖各个专业子系统的综合网络管理系统，以统一的系统平台、界面和操作实现对各专业网络的集中监控、分析和管理，提升电信网络/业务的服务保障水平。

综合网管系统构建在各种专业综合网管之上，具有信息综合和功能整合特征。通过合理有效的监控、维护、服务、管理手段，提供跨各专业网综合解决方案，用于业务提供、故障追踪、资源数据及容量管理，在此基础上还可以进一步提供相关的基于事务模型的分析决策支持手段。

综合网管系统需要实现全网络、跨专业、多厂商的告警管理和性能管理，主要提供多专业网管数据采集、处理和呈现功能，多告警信息进行跨专业关联分析，并根据性能阈值进行故障的定位和告警，对性能数据进行统计分析，提供各种网管数据专题分析和呈现功能。目前，综合网管系统主要面向网络和业务实现各专业网络的集中告警、监控和分析等。

3.3.2　系统功能

3.3.2.1　系统框架

一般地，综合网管系统的整体架构如图 3-2 所示。

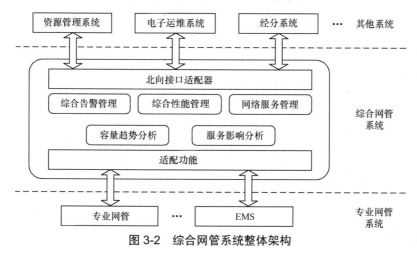

图 3-2　综合网管系统整体架构

综合网管系统通过南向接口和北向接口实现与专业网管和上层应用系统的接口，从专业网管中采集获取网络配置、告警数据、性能数据等信息，实现对各专业网络的综合管理。综合网管系统通过北向接口适配功能实现与多个外部系统的接口，例如，资源管理系统从综合网管系统中获取设备配置数据，综合网管系统从资源管理系统中获取客户、电路等业务共享数据；综合网管系统根据告警信息，产生各种工单发送给电子运维系统；经营分析系统从综合网管系统收集有关综合网管数据信息，进行数据挖掘分析。

3.3.2.2　主要功能

（1）综合告警管理

综合告警管理主要是面向客户和业务，对端到端业务进行监控管理，并将告警信息关联到电路和客户，以提升服务保障能力。综合告警管理是在各专业网管系统的基础上，实现集中和综合的故障告警管理，即将现有的交换网管、数据网管、传输网管、动力环境监控等各系统产生的故障告警信息进行统一管理。在一个统一的网管平台上实现多专业综合故障告警的跨平台实时集中呈现，同时加强故障统计、分析和评估等管理功能。

综合告警管理进行跨专业告警的相关性分析，通过事件相关性分析提高故障定位的准确性，提高故障处理能力和效率，该功能可与资源管理系统紧密结合，按时间相关性、事件相关性、业务相关性、客户相关性、地理位置相关性等维度进行故障相关性分析。综合告警管理还要能对采集的各类网管信息进行统计分析，实现一定的故障预警功能。

（2）综合性能管理

综合性能管理对各专业网络的关键性能指标进行实时监控，并对从各专业网管采集到的性能数据从全网角度进行统计分析，实现跨专业的集中网络性能展示，支撑网管从事后维护向事前维护转变，补救性维护向预防性维护转变。综合性能管理分析和评估接收到各专业网络的数据，优化整体网络性能，特别是要对多种网络资源混合使用情况下的整体性能问题进行分析处理。

综合性能管理对网管性能数据进行沉淀存储，通过数据挖掘和分析，提高网络性能分析的深度、综合性，以发现影响网络质量的关键因素。

（3）网络服务管理

网络服务管理实现大客户业务监控、网管支撑客服等功能。

大客户是网络服务管理中的一个重要内容，为大客户提供更优质的服务，是电信运营商始终关注的问题。网络服务管理通过与资源管理等系统集成，提供客户－资源的拓扑视图，展现大客户业务和全网资源拓扑情况。网络服务管理将设备故障信息与对业务和客户的影响分析关联起来，做到在发生故障的同时，第一时间通知客户，并及时处理，提升客户满意度。此外，网络服务管理还能为大客户提供网络性能分析以及差异化网络服务保障手段。

随着网络规模越来越大、越来越复杂，对网络运行维护和用户投诉处理带来了极大挑战。由于业务日益复杂，流程变长，为了处理一个用户投诉往往需要使用多套维护系统。为此，一个集中的网络投诉处理综合平台能够贯彻投诉处理前移的思想，实现网管支撑客服，统一管理各种投诉服务，实现单点登录、一站式管理，从而有效、快速地响应用户投诉，及时解决用户网络投诉问题。

（4）容量趋势分析

对需要的关键指标提供被管理网元的容量信息，当超越阈值设定或有裂化趋势时，发起网络优化需求，趋势分析基于设备、网元或部件的历史数据，预测其未来的相关能力。

（5）服务影响分析

根据事件的资源、业务和客户关联关系实现应用，通过自下而上的分析模式，从事件出发，分析事件的资源范围、业务范围和客户范围，重点获取影响的服务和客户的数量，包括对客户分级以及 SLA 违反风险的考虑，根据这些影响确定事件优先级。

3.3.2.3　与外部系统边界

综合网管系统与 EMS/NMS：从 EMS/NMS 或网元采集告警数据、性能数据、流量数据、协议信令数据等网管信息。

综合网管系统与资源管理系统：从资源管理系统中获取资源关联关系、依存关系以及承载关系等，基于资源数据实现告警抑制、根源分析和影响分析等应用。

综合网管系统与服务保障系统：对故障信息进行分析处理，确定故障根源，向服务保障系统提交故障单。

综合网管系统与服务质量管理系统：根据 SLA 确定网络的 KPI，采集相关的网络告警、网络性能，将相应的服务质量指标提供给服务质量管理系统进行分析处理。

3.3.3 发展趋势

目前，电信运营商网管系统分专业、分层级，全网缺少统一规划，各专业网管按专业条线纵向管控，形成了分专业建设，分级管理，分段维护的"三分"网管体系，难以满足对业务全程端到端的监控、分析、测试等需要，以及对网络跨专业的分析、监控、故障定位等需要。电信运营商企业内部管理和外部竞争，以及不断发展的网络技术和日益成熟的 IT 成为综合网管系统演进的驱动力。

综合网管的发展满足集约化运营的要求。注重网络及其业务、产品和客户的整体运营支撑，并在"网络运行质量、产品支撑能力、客户服务水平"三方面争创行业领先，数据统一建模和网管能力统一调度，不断提升全业务维护服务支撑水平和运维体系的整体保障能力。

综合网管的发展适应网络发展的需要。融合化、扁平化的趋势将促使在网络层面实现一体化的、全程全网的网管支撑，综合网管要从原先的仅关注网络本身的管理向关注平台和业务的管理方面发展，即要更加关注"应用"及应用和网络之间的关联，并且网管也需要一定程度的开放。

综合网管采用先进的技术。面向服务的架构（SOA）的应用，大数据

（Big Data）技术、网元数据采集技术、数据抽取（ETL）技术、Web2.0 乃至 3.0 技术、门户技术，为未来超大规模、高度集中的网管做了丰富的技术储备。

综合网管的发展符合行业趋势。跨厂商、跨专业网管整合是运营商共同希望达到的目标，基本呈现出一种"横向整合、纵向集中"的网管融合化、扁平化的发展趋势。

综合网管的发展体现"去电信化"。网管可以引入互联网 IT 系统的发展思路，结合网管不同领域的需求特点和处理要求，将开源的产品、架构与传统技术架构结合，形成一种混搭使用的模式，以达到架构灵活、应用丰富、快速响应的效果。

综合网管的发展依赖成熟理论的指导。近年来，在数据建模、多协议网元的采集适配方面的理论研究不断发展，TMF SID 为各个网管系统、OSS/BSS、CRM 之间提供了统一的信息模型，并通过 MTOSI、MTNM 接口提供统一的数据交换标准接口。

综合网管的发展将采用云计算技术，在统一的云平台资源池上集中构建、集中维护，实现硬件和软件的弹性扩展。在"去电信化"的指导下，逐步引入和采用开源的软件架构，并采用大数据技术，实现数据的统一存储和处理，满足应用的查询和分析需要。基于 SOA 架构，对网管核心能力进行标准封装，与外部系统实现能力共享，复用底层服务能力，达到资源最大化利用的目标。采用标准统一的接口规范，构建采集适配平台，逐步实现不同网元 / 专业网管的统一接入管理，对数据采集、指令操作统一管控，屏蔽不同网络和设备技术协议的差异。综合网管将在统一规划、统一标准、统一的信息模型之上，成为具备统一网管标准化服务能力和端到端运营管理的融合网管系统，实现网络运营数据的集中管理与共享、网管能力的标准封装与网管服务的对外开放、新网管新应用的灵活构建、产品与业务的快速加载与综合分析、网络控制的智能决策与联动。

3.4 综合网络资源管理系统

3.4.1 系统概念

网络资源管理系统是通信网络运行的支撑系统之一，在电信运营商网络资源管理、面向网络及客户的维护等工作中发挥重要的后台支撑作用，已经成为电信运营商企业信息化系统的有机组成部分，在网络运营管理中发挥着重要作用，是电信运营商总部和省份资源管理部门必不可少的管理工具。

目前综合网络资源管理系统主要功能包括网络资源存量管理功能、网络资源配置调度功能、网络运营服务等功能，实现了对传输网资源、基础数据网资源、IP 骨干网资源、长途交换网资源、IMS 业务平台资源等资源配置管理功能，同时该系统与 BSS、OSS、MSS 等外部 IT 系统建立数据共享接口。

新网络的组网方式和新技术的不断涌现，网络资源管理系统的资源类型、规模不断增加，资源管理思路随着企业转型发生着深刻的变化，电信运营商对网络资源管理系统的功能也提出新的要求，将推进综合网络资源管理系统持续演进，满足业务发展和运营管理的需要。

3.4.2 系统功能

3.4.2.1 系统定位

综合网络资源管理系统实现全专业网络的资源管理，为业务能力的实现提供基础，改善公共资源交叠管理的状况，实现跨专业网络资源管理、业务资源模型管理，为综合性、跨专业关联应用提供基础信息，逐步实现对网络资源的全生命周期管理，从规划、设计、工程建设、入网、运行维护到退网的全生命周期考虑实现全程管理。

3.4.2.2　管理范围

资源管理的范围主要包括网络物理资源和网络逻辑资源。

网络物理资源泛指各种硬件设备或者设施构成的有形资源，是通信资源行使功能、提供通信、信息服务能力的物质基础，包括公共资源和网络实体资源。网络逻辑资源包括除物理资源之外的、无形的通信资源和信息服务资源，包括网络拓扑资源和网络服务资源。公共资源方面主要包括行政区划、街区、营业区域、服务区域、局站、基站、用户接入点、楼道、机房等。

网络实体资源主要包括局外支撑网以及线缆资源、无线资源、专业网络设备资源、IT 设备资源、连接设备资源、局内线缆资源等。

网络拓扑资源按照网络层次划分，主要包括传送网、承载控制网、基础支撑网、接入网、应用使能平台、网络码号等。

网络服务资源主要包含语音服务、数据服务、应用服务、内容服务等。

3.4.2.3　系统功能

系统功能包括资源应用功能、资存量管理功能、信息共享功能、基础工具功能 4 大功能域，功能架构如图 3-3 所示。

（1）*资源应用功能域*

此功能域主要是在资源管理系统内部实现的、基于存量基础上的应用，有基本的资源配置应用、资源调整管理和扩展的资源查询、统计、优化、方案设计等应用。

（2）*存量管理功能域*

此功能域是资源管理系统的核心功能域，主要实现资源数据的基础维护，建立企业统一的网络资源库，包括设备实体管理、资源规格管理、组网管理、码号资源管理、地域管理、服务存量管理、自动发现和同步功能。

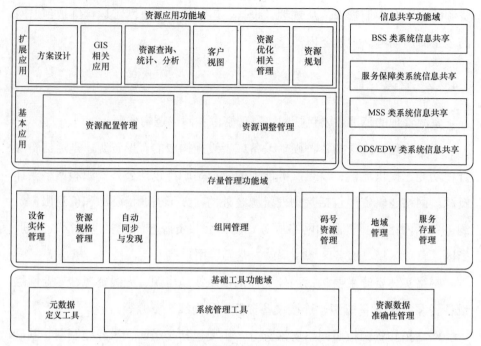

图 3-3　综合网络资源管理系统功能架构

（3）信息共享功能域

此功能域主要实现资源管理系统与外部系统的信息共享，而相关的应用基本上是在相应外部系统中体现，资源管理系统为这些外部系统的应用提供数据方面的支撑，包括 BSS 类系统信息共享、服务保障类系统信息共享、MSS 类系统信息共享和 ODS/EDW 类信息共享。

（4）基础工具功能域

此功能域主要包括系统运行需要的一些基本工具，如数据同步工具、元数据定义工具、系统管理工具和资源准确性管理工具。

3.4.2.4　系统接口

综合网络资源管理系统通过与 CRM、服务开通、MSS、ODS/EDW、服务保障以及综合网管等系统的接口，为其他系统提供资源信息，实现资源的变更操作。

与 CRM 系统接口：通过交互资源信息，提供对资源的查询和预占操作。

与服务开通系统接口：接收服务定单和客户订单，进行资源配置。

与 MSS 接口：交互资源、资产信息。

与 ODS/EDW 接口：通过数据共享，满足其他系统对资源数据的需要。

与服务保障系统接口：通过交互资源信息，为故障定位、确定故障根源和故障影响范围提供支持。

与综合网管系统接口：通过资源管理提供资源关联关系、依存关系、承载关系等，告警和故障管理将实现告警抑制、根源分析和影响分析等应用。

3.4.3　发展趋势

电信运营商面对企业专业、网络转型、业务转型、运维体系的改变，综合网络资源管理系统也面临着由传统的网络资源存量管理向企业级基础数据应用与支撑平台转变。

综合网络资源管理系统采用总部和省份两级系统部署，基于统一的系统平台、资源数据的统一建模和集中存储、应用模块的分布部署、不同用户的定制界面等特征，建立全专业资源数据统一管理、省集中的网络资源管理系统。面向前端支撑市场营销和客户服务，建立资源、服务、客户的关联关系，提供客户资源视图，支撑面向客户的差异化服务，适应新技术网络层次扁平化调整，快速支撑基于新技术网络的新业务开通。

3.5　电子运维系统

3.5.1　系统概念

电子运维系统（Electronic Operation Maintenance System，EOMS）是电信运营商网络运维管理的核心支撑平台之一，是面向运维人员和运维工作的管理系统，其主要功能是运维流程管理。

电子运维系统是电信运营商总部及各省网络运维部门协同工作的纽带，是运维制度和规程的信息化载体，以 IT 方式固化了标准运维流程。目前各电信运营商的话务网网管、数据网网管、传输网网管等专业网管已日趋成熟，电子运维系统对各专业网管的任务工单统一流转、统一管理，对网络管理的总体工作进行统一管理，对运行支撑系统的整体发展起到了很好的推动作用。电子运维系统实现了网络运维工作的电子化、规范化、高效化和可管控，摆脱了以往的低效纸质办公、人工传递的状况。电子运维系统通过与各专业网管、客服系统、OA 系统等的互联，实现信息在多部门、多系统间的自动流转，进一步提升了运维工作的效率和质量。电子运维系统的建设对于巩固网络运维集中化、进一步推动流程标准化、持续优化等方面发挥了重要作用。

3.5.2 系统功能

电子运维系统的功能框架如图 3-4 所示。

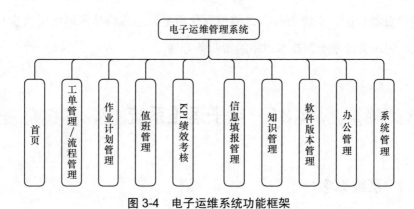

图 3-4　电子运维系统功能框架

系统各功能域概述见表 3-1。

表 3-1　电子运维系统功能域概述

序号	功能域	功能概述
1	首页	面对各类人员,如运维管理人员、运维生产人员、代维人员、外部门、厂商等提供各种视图,具体内容包括个人登录信息、个人待办、常用功能链接等,并提供短信信使等小工具
2	工单管理 / 流程管理	实现各类运维管理和生产流程,具体包括入网认证管理流程、新业务管理流程、网络变更与配置流程、故障管理流程、网络优化流程、应急与事件管理流程、安全管理流程、流程管理流程、IT 需求管理流程
3	作业计划管理	实现作业计划模板管理、作业计划制订与分配、作业计划执行等功能
4	值班管理	实现排班管理、交接班管理、替班管理、值班日志管理、值班日报管理等功能
5	KPI 绩效考核	按工作日志、电子值班、作业计划、指挥任务等不同类别的任务进行标准工时的量化,通过不同部门、不同工作类别等多维视角进行统计
6	信息填报管理	实现总部与省、省与地市等上下级部门间例行化的信息上报与下发
7	知识管理	实现文档库、案例库管理
8	软件版本管理	建立统一、集中的全专业的标准版本补丁信息库,实现对局点交换机或业务平台等的版本补丁信息的录入、查询、统计等管理,同时具有版本补丁信息发布功能
9	办公管理	实现工作计划总结、会议管理等功能
10	系统管理	实现用户权限管理、数据字典管理、日志管理、系统备份和恢复、系统自身管理等内容

思 考 题

1. SNMP 网管体系结构的优缺点是什么？

2. CMIP 网管体系结构的优缺点是什么？

3. TMN 从低到高分为哪 5 层管理结构？

4. 专业网管的系统架构和接口有哪些？

5. 专业网管系统的主要功能及发展趋势？

6. 简述综合网管系统的主要功能和作用。

7. 简述综合网管系统与主要外部系统的关系。

8. 简述综合网管系统与专业网管的主要区别。

9. 简述综合网络资源管理系统的管理范围及系统功能。

10. 简述电子运维系统的功能和作用。

第4章
管理支撑系统

4.1 系统概述

　　管理支撑系统是电信运营商为了迎合不断变化的市场和自身的发展而创建的一种先进的管理平台，其承担着提供管理信息，促进企业管理流程的自动化和重组，提供共享服务和实现虚拟团队等重要任务。同时它也是企业信息化的基础平台，是 BSS、OSS 等的展现窗口。MSS 所支撑的范围与 eTOM 中的企业管理域相对应，包括为支撑企业所需的所有非核心业务流程，内容涵盖制订公司战略和发展方向、企业风险管理、审计管理、公众宣传与形象管理、财务与资产管理、人力资源管理、知识与研发管理、股东与外部关系管理、采购管理、企业绩效评估、政府政策与法律等。在电信运营商中，管理支撑系统主要包括 ERP（Enterprise Resource Planning，企业资源计划）系统、SCM（Supply Chain Management，供应链管理）系统、OA（Office Automation，办公自动化，也称协同办公）系统等主要部分，同时包括知识管理、决策分析及一些辅助功能等其他系统。

4.1.1 ERP 系统

4.1.1.1 ERP 的基本概念

ERP 是指建立在信息技术基础上，以系统化的管理思想为企业决策层及员工提供决策运行手段的管理平台。ERP 系统集中信息技术与先进的管理思想于一身，成为现代企业的运行模式，反映时代对企业合理调配资源、最大化地创造社会财富的要求，成为企业在信息时代生存、发展的基石。

ERP 是由美国的计算机技术咨询和评估集团（Garter Group Inc.）提出的一整套企业管理系统体系标准，其实质是在 MRP（Manufacturing Resources Planning，制造资源计划）II 的基础上进一步发展而成的面向供应链（Supply Chain）的管理思想。ERP 系统综合应用了客户机 / 服务器体系、关系数据库结构、面向对象技术、图形用户界面、第四代语言（4GL）、网络通信等信息产业成果，是以 ERP 管理思想为灵魂的软件产品，是针对物资资源管理（物流）、人力资源管理（人流）、财务资源管理（财流）、信息资源管理（信息流）集成一体化的企业管理系统。

4.1.1.2 ERP 的发展历程

信息技术最初在企业管理上的运用发展可以粗略分为以下阶段。

（1） MIS（Management Information System，**管理信息系统**）**阶段**

企业的管理信息系统主要是记录大量原始数据，支持查询、汇总等方面的工作。

（2） MRP **阶段**

实现依据客户订单、按照产品结构清单展开并计算物料需求计划，实现减少库存、优化库存的管理目标。

（3） MRP Ⅱ 阶段

在 MRP 系统的基础上，增加了对企业生产中心、加工工时、生产能力等方面的管理，实现计算机进行生产排程的功能。同时也将财务的功能囊括进来，在企业中形成以计算机为核心的闭环管理系统，这种管理系统已能动态监察到产、供、销的全部生产过程。

（4） ERP 阶段

进入 ERP 阶段后，以计算机为核心的企业级管理系统更为成熟，系统增加了包括财务预测、生产能力、调整资源调度等方面的功能。配合企业实现全面管理、质量管理和生产资源调度管理及辅助决策的功能，成为企业进行生产管理及决策的平台工具。

（5） 电子商务时代的 ERP

互联网的广泛运用为企业信息管理系统增加了与客户或供应商实现信息共享和直接数据交换的能力，强化了企业间的联系，形成共同发展的价值网络。

4.1.1.3　运营商的 ERP 系统

电信行业不同于制造业的 ERP 模型，运营商的 ERP 系统更侧重于支撑全业务过程的管控和管理，如何将工程管理、采购流程、财务核算、人力资源管理等涉及企业"人、财、物"流转的核心过程在 ERP 系统中实施有效管理，形成一种紧密结合、数据共享、流程统一的全业务管理平台，是实现企业管理变革、提升企业运行效率的关键。

4.1.2　SCM 系统

供应链管理是对企业供应链的管理，即对市场、需求、定单、原材料采购、生产、库存、供应、分销发货等的管理，包括了从生产到发货、从供应商到顾客的每一个环节。

企业从原材料和零部件采购、运输、加工制造、分销直至最终送到顾客手中的这一过程被看成是一个环环相扣的链条，这就是供应链。供应链管理就是指对整个供应链系统进行计划、协调、操作、控制和优化的各种活动和过程，其目标是要将顾客所需的正确的产品（Right Product）能够在正确的时间（Right Time）、按照正确的数量（Right Quantity）、正确的质量（Right Quality）和正确的状态（Right Status）送到正确的地点（Right Place），即"6R"，并使总成本最小。供应链管理注重企业核心竞争力，强调根据企业的自身特点，专门从事某一领域、某一专门业务，在某一点形成自己的核心竞争力，这必然要求企业将其他非核心竞争力业务外包给其他企业，即所谓的业务外包。在当今全球经济一体化、企业之间日益相互依赖、用户需求越来越个性化的环境下，供应链管理日益成为企业的一种新的竞争战略。

供应链管理能为企业带来益处：增加预测的准确性；减少库存、提高发货供货能力；减少工作流程周期、提高生产率、降低供应链成本；减少总体采购成本，缩短生产周期，加快市场响应速度。

随着互联网的飞速发展，越来越多的企业开始利用网络实现供应链管理，即利用互联网将企业的上下游企业进行整合，以中心制造厂商为核心，将产业上游的原材料和零配件供应商、产业下游的经销商、物流运输商及产品服务商以及往来银行结合为一体，构成一个面向最终顾客的完整的电子商务供应链。其目的是降低采购成本和物流成本，提高企业对市场和最终顾客需求的响应速度，从而提高企业产品的市场竞争力。

根据通信生产的特殊性，供应链分为两部分：第一部分为生产通信业务基础设施，产品表现为上游供应商提供的各类网络设备及支撑系统（包括硬件和软件）；第二部分为生产信息形态的通信业务，包括运营商的通信接入服务、通信时长服务、增值服务、服务提供商提供的内容服务等。目前，通信运营竞争的焦点主要落在了供应链的第二部分——信息运营。电信运营商在行业上有相当的规模，在价值链上占主动地位。目前"围墙花园"的经营模式已经逐步打破，形成了多种商业运营模式并存的局面。因此，运营商的供应链管理模式向开放的协同商务模式发展，从封闭、纵向思维方式向横向、开放思维方式转变。

4.1.3　OA 系统

OA 系统是指一切可满足企事业单位的、综合型的、能够提高单位内部信息交流、共享、流转处理的和实现办公自动化、提高工作效率的各种信息化设备和应用软件的组合。OA 系统不是孤立存在的，而是与企事业单位其他各类管理支撑系统密切相关、有机整合。

OA 系统基于工作流的概念，使企业内部人员方便快捷地共享信息，高效地协同工作，改变过去复杂、低效的手工办公方式，实现迅速、全方位的信息采集、信息处理，为企业的管理和决策提供科学的依据。一个企业实现办公自动化的程度也是衡量其实现现代化管理的标准。OA 从最初的以大规模采用复印机等办公设备为标志的初级阶段，发展到今天的以运用网络和计算机为标志的现阶段，对企业办公方式的改变和管理水平的提高起到了积极的促进作用。

运营商的 OA 系统实现了企业的日常管理规范化，增加了企业的可控性，提高了企业运转的效率，范围涉及日常行政管理、公文流转、各种事项的审批、办公资源的管理、多人多部门的协同办公，以及各种信息的发布沟通与传递，并为各类管理系统提供统一的门户入口。可以说，OA 系统跨越了生产、销售、财务等具体的业务范畴，更集中关注于企业日常办公的效率和可控性，是企业提高整体运转能力不可缺少的工具。

4.2　系统功能

4.2.1　MSS 总体功能架构

电信运营商 MSS 的常用总体功能架构如图 4-1 所示。

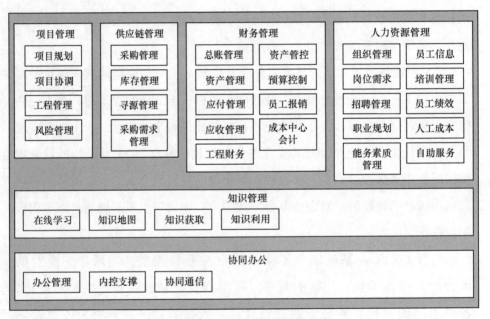

图 4-1　MSS 总体功能架构

从功能上看，MSS 分为项目管理、供应链管理、财务管理、人力资源管理、知识管理和协同办公等模块。其中，项目管理模块包括项目规划、项目协调、工程管理和风险管理等功能域；供应链管理包括采购管理、库存管理、采购需求管理、寻源管理等功能域；财务管理包括总账管理、资产管理、应付管理、应收管理、工程财务、资产管控、预算控制、成本中心会计、员工报销等功能域；人力资源管理模块包括组织管理、员工能力素质管理、岗位需求、招聘管理、职业规划、员工信息管理、培训管理、员工绩效、人工成本、自助服务等功能域；知识管理包括在线学习、知识地图、知识获取、知识利用等功能域；协同办公包括办公管理、内控支撑、协同通信等功能域。

4.2.2　MSS 主要功能模块

MSS 将企业所有资源进行整合集成管理，即是将企业的物流、资金流、信息流等三大流进行全面一体化管理的信息系统。MSS 的功能模块不同于以往的 MRP 或 MRP II，不仅可用于生产企业的管理，而且在许多其他类型的企业，如服务型企业、公益事业的企业，也可导入 ERP 系统进行资源计划和管理。这里以电信运营商为背景介绍 MSS 的功能模块。

4.2.2.1　项目管理

项目管理模组主要是对资本性支出类项目的全生命周期的管控。工程项目管理从规划、立项、设计、工程实施到竣工验收，连接所有与之关联的业务流程，服务于电信运营商集团公司、省公司、地市分公司的三级管控需求，实现对工程项目预算、立项、设计、工程进度、资金、转固、竣工决算等信息的集成管理。工程管理模组主要包括项目规划、项目协同、工程建设管理、项目后评估等模块。

项目规划：实现从投资项目预算演化为投资项目的过程管理。项目规划首先收集现状数据，然后结合当前的社会经济、市场需求和运营商的发展规划，充分分析竞争环境，综合考虑发展优势，从而对下半年度或后几年的网络发展目标、建设投资目标，做出比较详细的规划，为运营商的持续、健康发展提供有力保障。项目规划主要包括市场评估分析、规划现状分析、规划目标等功能模块。

项目协同：对项目协作过程进行管理，负责对现行树形组织中一个项目涉及的所有人员组成的虚拟社区进行管理。

工程建设管理：建设过程的管理通常是以项目运作的方式实现，所以该部分的重点是项目过程管理，主要有投资计划管理（包括投资规划、项目立项批复）、项目管理（包括项目计划、项目团队、项目交付件、投资形象进度、项目质量及风险管理、验收报告、后评估管理）。项目管理目前以网络建设项目管理为蓝本，功能在未来可以扩张为企业内部所有项目的管理。

项目后评估：在项目建成投产或投入使用后的一定时期，对项目的运行进行全面评价，即对投资项目的实际费用、效益等进行评价，将项目决策预期与项目实施后的终期实际结果进行全面、科学、综合地对比考核，对建设项目投资产生的财务、经济、社会和环境等方面的效益与影响进行客观、科学、公正的评估。项目后评估包括项目建设过程评估、效益评估等功能模块。

4.2.2.2 供应链管理

供应链管理功能是根据新业务的发展和企业精确化管理的要求而设计，涵盖供应链管理和集中采购等企业内部管理过程。供应链管理以集中采购和同一物料编码为重要指标，分级管理集团级、省级供应商，提供库存管理、寻源管理和招标采购管理等功能。

采购需求管理：收集各种采购需求并进行合并同类项。

寻源管理：主要包括供应商管理及采购目录管理等。

采购管理：主要包括物资主数据管理、询价管理、合同谈判过程管理、物资采购合同管理、物资报废管理等。

库存管理：主要包括常用及工程仓库管理、库存转移过程管理、低值易耗品及卡管理等。

4.2.2.3 财务管理

财务管理是 ERP 的核心部分。MSS 的财务管理模块与一般的财务软件不同，作为 ERP 系统中的一部分，它和系统的其他模块有相应的接口，能够相互集成，例如，它可将由工程项目、采购活动输入的信息自动计入财务模块生成总账、会计报表，取消了输入凭证等繁琐的过程，替代以往的手工操作。财务管理模块又分为基础会计核算与管理会计两大部分。

（1）基础会计核算

基础会计核算主要是记录、核算、反映和分析资金在企业经济活动中的变动过程及其结果，由总账管理、应收管理、应付管理、资产管理、工程财务等部分构成。

① 总账模块

总账模块的功能是处理记账凭证的输入、登记，输出日记账、一般明细账及总分类账，编制主要会计报表。总账模块是整个会计核算的核心，应收账、应付账、固定资产核算、现金管理、工资核算、多币制等各模块都以其为中心进行信息传递。总账模块是财务管理的核心功能，对财务其他功能模组产生的财务数据进行归集、处理，进行财务数据的业务处理以及提供账簿、查询、报表等信息，并提供与外部数据的核对功能。

总账模块通过与物资管理（供应链管理）模组的接口，接收库存管理数据以便进行财务核算。总账模块通过与人力管理模组的接口，反馈有关非直接人工成本数据，为进行人员成本分析提供数据；通过与管理会计、决策分析和审计等模组的接口，接收有关资金管控数据，以便进行银行对账，并通过数据交换，为管理分析、决策分析和审计提供基础会计、管理会计数据。总账模块接收有关网上报账和财务流程审批的数据，以便进行财务核算。

② 应收管理

应收模块对所有启用应收核算项目的债权财务数据进行财务核算和管理，可纳入核算范围的内容包括应收账款、应收票据、预付账款、应收股利、应收利息和其他应收款等债权类科目的核算。

ERP 中应收模块提供了应收列账、应收核销、坏账准备和坏账报损等功能，并将核算数据传送给总账。应收模块提供各种分析与查询，帮助企业掌握应收债权的情况。

③ 应付管理

应付模块对所有启用应付核算项目的债务财务数据进行财务核算和管理，可纳入应付核算范围的内容包括应付账款、应付票据、预收账款、应付职工薪酬、应交税费、应付股利、应付利息、其他应付款等债务类科目的核算。

ERP 中应付模块提供了应付列账和应付核销等功能，并将核算数据传送给总账。应付模块能够和采购模块、库存模块完全集成以替代过去繁琐的手工操作。应付模块提供各种分析与查询功能，帮助企业掌握应付债务的情况，合理地进行资金的调配，提高资金的利用效率。

④ 资产核算模块

资产模块对企业资产整个生命周期进行财务核算和管理，也可以对递延收益进行财务核算，提供多种递延收益的分摊方式。资产范围包括固定资产、投资性房地产、无形资产、递延资产（长期待摊费用）和低值易耗品等。

ERP 资产管理提供了包括资产的增加、减少、折旧及摊销、减值准备等功能，能够帮助管理者对目前资产的现状有所了解，并能通过该模块提供的各种方法管理资产以及进行相应的会计处理。

⑤ 工程财务

工程财务模块对在建工程项目进行分项财务核算，具体包括工程估列、审批、交资、转固操作管理功能。工程财务核算范围包括所有应该计入工程项目成本的各项费用、工程减值核算、决算转出核算、其他转出核算等。

工程财务模块可以按照省集中的模式对全省的工程财务信息进行集中管理，通过与多个模块之间的接口实现工程各项信息的自动获取和数据交换。工程财务模块可以根据权限，向不同的用户提供多种维度的汇总分析统计报表，帮助企业实现资本预算支出管控、均衡性管控和决算及时性管控三大目标。

（2）**管理会计**

管理会计是企业的内部会计需求。根据业务划分管理会计主要为 4 个方面：企业战略、成本管理、效益分析和预算控制管理。内部订单、成本中心、ABC 作业成本法是管理会计的工具。

① 全面预算控制管理

预算控制是关于企业在一定的时期内（一般为一年或一个既定期间内）各项业务活动、财务表现等方面的总体预测，包括运作计划（如公司与部门的年度运作计划等）和预算（如收入预算、费用预算、资本性支出预算、损益预算、现金流量预算、资产负债预算等）。

全面预算管理体系包括"运作计划体系"、"预算执行评估体系"、"预算调整体系"以及"预算分析体系"。针对业务预算、投资预算、财务预算、关联交易额度进行企业预算全过程的信息管控，分别从电信运营商纵向（集团公司—省公司—地市分公司—区县）、横向（跨多个部门）两个方面，实现了预算信息流的集成和控制。

预算控制管理将年度预算通过接口或手工填报的方式传达到物资管理、工程管理、人力管理、BSS 中的客户管理、OSS 中的资源管理等相关模组中，并在相关模组中根据实际业务需求进行预算的分解和占用。同时对于预算的管控可以在各个相关模组中完成，最终由各个功能模组将预算的执行情况定期反馈给全面预算管理模块，为企业的绩效管理提供考核依据。

② 资金管控

资金管控是现代企业管理的一项重要内容。资金是任何企业、公司业务运作和管理的主要对象，资金的管理和分析决策能力是各投资密集型公司的主要竞争能力之一。资金管理的范围主要是资金收入管理和资金支出管理。

ERP 资金计划的额度来源于全面预算控制中的资金预算，而资金计划来源于工程管理、物资管理、人力管理、合同管理、财务辅助等其他功能模组的业务需求。同时，资金管控的收入部分与 BSS 中的营账系统、财务基础核算都有着紧密联系。

③ ABC 作业成本法

ABC（Activity Based Costing，作业成本法）是一个进行成本核算和营利性分析的管理工具。应用 ABC 的方法进行基于作业的成本核算，将成本核算到成本对象（如产品、客户等）。通过采集成本相关数据，最终将资源通过作业归集到成本对象中。

ABC 作业成本法中由于成本动因的数据来源于销售、采购、物资、人力、财务，因此与 BSS、OSS、人力管理、财务管理、物资管理等都存在接口关系。

④ 成本中心会计

成本中心会计是对发生在某组织机构（部门或成本中心）内的费用进行识别和归集，费用以单个组织区域即成本中心来追踪。也就是说成本中心是费用控制的责任单位，可以对成本中心未来费用进行计划，以此作为基础，通过计划费用与实际费用之间的比较，对成本中心的业绩进行考核。

成本中心会计主要是对财务基础核算中总账涉及的管理会计凭证的成本中心信息进行归集和分摊，并作为部门绩效考核的依据。

4.2.2.4 人力资源管理

以往的 ERP 系统基本上都是以生产制造及销售过程（供应链）为中心，因此，长期以来一直把与制造有关的资源作为企业的核心资源进行管理。近年来，企业内部的人力资源，开始越来越受到企业的关注，被视为企业的资源之本。在这种情况下，人力资源管理作为一个独立的模块，被加入到 ERP 系统中，和 ERP 中的财务、生产系统组成了一个高效的、具有高度集成性的企业资源系统。它与传统方式下的人事管理有着根本的不同。

人力资源管理主要是面向电信运营商不同角色和不同层级的全面人力资源应用，其中包括面向决策层的人力资源规划、报表决策分析；面向人力资源管理者的人工成本管理、组织机构管理、人员信息管理、人员变动管理、人员合同管理、薪酬福利管理、时间管理、培训管理、招聘管理、政策制度管理、绩效管理和面向全体职工的自助应用。

4.2.2.5 知识管理

知识管理功能主要包括知识地图、知识获取、知识利用、电子学习 / 考试等功能模块。其中，知识地图包括知识地图构建、主要知识的存放等功能；

知识获取包括知识发现、获取、整理等功能；知识利用包括知识查询、检索、利用、更新等功能；电子学习 / 考试包括电子学习、计分、考核管理等功能。

4.2.2.6　OA 系统

OA 系统是企业领导和员工进行日常办公的基础平台和企业管理流程协作平台，主要包括 OA（办公自动化 / 办公管理）、内部控制支撑、协同通信等功能模块。其中，办公管理模块包括公文流转、公用信息管理、辅助办公、协同办公、事务管理等功能；内部控制支撑模块包括审计作业管理（如审计工作底稿、设计报告等）、建立风险库、流程及控制点库、责任人管理、定期评估报告等；协同通信模块包括即时消息、会议系统、点击拨号等。系统的主要功能有以下几点。

公有信息管理功能。在内部建立一个有效的信息发布和交流的场所，如公告、论坛、规章制度、新闻，促使技术交流、公告事项等能够在企业或机关内部员工之间得到广泛的传播，使员工能够了解单位的发展动态。

公文流转的自动化功能。这牵涉到流转过程的实时监控、跟踪，解决多岗位、多部门之间的协同工作问题，实现高效率的协作。各个单位都存在着大量的流程化的工作，如公文的处理、收发文、各种审批、请示、汇报等，都是一些流程化的工作，通过实现工作流程的自动化，规范各项工作，提高单位协同工作的效率。

辅助办公功能。如会议管理、车辆管理等与日常事务性的办公工作相结合的各种辅助办公，该功能实现了这些辅助办公的自动化。

实现协同办公。支持多分支机构、跨地域的办公模式以及移动办公，现在来讲，地域分布越来越广，移动办公和协同办公成为很迫切的一种需求，使相关的人员能够有效地获得整体的信息，提高整体的反应速度和决策能力。

个人事务平台（包括邮箱系统、通信录等）。帮助员工合理安排和管理个人事务，用户可以在平台上安排待办事宜，设置事件提醒时间、方式，限制办理时限；也可以建立只有自己才可以查看的个人文档。

移动办公。基于手机的移动办公满足了员工不在办公室时与单位信息体系的全方位联系的需要，使得信息化摆脱了对固定办公环境、固定工作时间、固定电脑设备和网络的依赖，将信息化无缝延展到每个人手中。移动办公既是对原有的信息化的补充，也是信息化本身的延展和跃变。

协同通信。提供包括即时消息、虚拟群组、语音及视频会议、远程演示、点击拨号、网络传真等功能丰富、使用便捷的企业通信辅助手段，提升协同办公的效率。

4.2.3　MSS 对外接口

MSS 不是孤立的体系，它与 BSS、OSS 紧密联系，在收入和成本管理、工程项目、资源管理、统计分析等业务流程和数据交互很多，可以说 MSS 和 BSS、OSS 一起支撑了电信企业的运营。

MSS 与 BSS 的主要接口在收入、销账、资源调拨的流程和数据方面进行交互；MSS 与 OSS 方面的主要接口在运维成本、资源等方面的流程和数据交互；同时，MSS 还向企业数据分析域提供或获取数据。MSS 内外接口关系如图 4-2 所示。

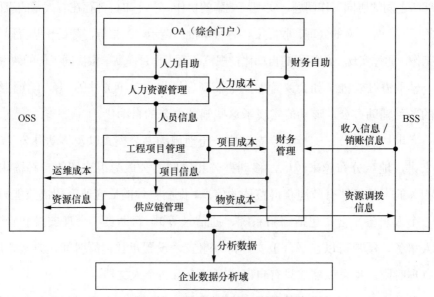

图 4-2　MSS 内外接口关系示意

4.3　应用现状及发展趋势

4.3.1　应用情况

随着各行各业对信息化的需求日益提升，管理支撑系统逐渐广泛应用于各个行业，并在应用中不断演变。电信企业的服务提供过程和生产制造密不可分，其市场销售管理和生产管理的过程已经通过 BSS/OSS 实现支撑，因此电信企业引入管理支撑系统主要侧重解决企业内部基础运营管理的系统支撑问题。

中国大型电信企业引入 ERP 起源于 1999 年，为了打造符合国际标准的现代化电信企业，中国移动成立后不久即在广东、浙江和江苏省公司启动了 ERP 试点实施工作。随着电信企业上市步伐的加快，中国电信、中国联通也先后实施了 ERP 工程。

电信公司的上市对公司的财务管理提出了非常大的挑战，这些挑战从公司外部压力表现来看，主要有必须与国际会计准则协调一致，以得到世界的认可；必须确保财务报表的可信；公司财务的治理要经得起来自公司外部的独立审计。为了应对来自外部的挑战，公司内部的财务管理也发生了巨大变化，财务管理不再只是记账、计算纳税额、填制经营者所需的报表，而是要从提升企业价值的管理角度出发，渗透到企业管理的方方面面，彻底重新认识业务组合，对各个经营单位进行严格的评估和管理，为健全资产负债表尽其全部所能。企业价值的提升关系到企业的生存、发展和壮大，特别是像电信企业这样的资产密集型企业，提高企业的价值核心就是提高企业的资产价值，只有价值提升才能改善企业的融资环境，获得金融市场的支持，为企业可持续发展奠定基础。

中国大型电信企业在引入 ERP 系统的初期不约而同地选择了 ERP 套装软件，并侧重应用 ERP 套装软件中的财务管理组件支撑企业财务管理、采购和物流管理、工程项目管理和人力资源管理等方面的管理需求。选择 ERP 套装软件的原因，一方面是看中国际化 ERP 系统历经全球企业的财务管理实践，在满足国际会计准则和审计方面具有最佳实践效果，可以利用套装软件中的标准流程模版和数据模型快速建立起符合国际化标准的运营管理流程。另一方面是借助套装 ERP 系统中财务管理流程与采购物流、工程项目、人力资源等管理流程的紧密集成，将财务管理的触角延伸至与财务管理相关的业务管理环节，建立以价值为核心的业务管理规范和流程。

4.3.2　发展趋势

电信企业内部管理变革和外部发展动因决定 MSS 应用将向两个方面延伸发展：一是面向内部价值链的整合和精细化管理的要求，推进向内部深化应用的方向发展；二是面向外部价值链的管理延伸和业务拓展的要求，借助互联网技术向着与电子商务系统集成的方向发展。另外，为了提升企业整体的运营管理效率和降低管理支撑系统建设维护成本，MSS 正逐步采用全集团集中式、集约化建设的方式，在加强对省分公司管理支撑的同时，也提高了全集团精准管控的水平。

（1）MSS 与内部价值链的整合

企业是否具有对变革的消化吸收能力是对其现代化管理水平的极大考验。MSS 作为企业管理的核心支撑系统，其架构的灵活性和扩展性直接关系到企业的竞争活力和可持续性发展。企业的竞争活力体现在规范管理的基础上如何有效发挥基层管理的创造性，鼓励基层的管理创新，有效支撑业务的动态发展。因此要求 MSS 在统一核心系统的基础上增强其流程和数据的整合能力和架构的可扩展性，允许专业部门和基层单位结合管理的需要，灵活定制一些专有系统，并将这些专有系统与 MSS 核心系统形成有效集成。同时企业的变革需要 MSS 在架构上满足业务的灵活配置，无论组织或业务的增加或剥离，只需在业务解决方案确定后进行相应的系统配置即可开通或关闭业务。

（2）MSS 向外部价值链的拓展

随着内部价值链管理的不断完善和业务发展的需求，电信企业 MSS 应用也在向外部价值链管理延伸。MSS 向供应链管理的延伸发展是企业不断推出高质量、高效率、低成本的电信服务的基础。MSS 与供应商和合作伙伴管理系统的互联，形成新的供应链管理模式，将构成企业与供应商、合作伙伴的协同工作平台，通过供需信息的共享，加快信息流、物流、资金流的流动，提高企业的敏捷性。

（3）MSS 集约化建设

面对激烈的市场竞争，电信运营企业亟需进一步消除内部的信息壁垒，通过管理支撑系统加强内部的协同和管控，提升一体化作战能力。目前中国电信等运营商正在全国推行 MSS 的全国集中式建设，通过一套系统同时服务于集团、各省和各地市三级管理应用需求。一方面降低了 MSS 的建设和运维成本、提升了信息互通和支撑服务的效率，另一方面提升了管理数据的准确性和及时性，提高了集团对各省分公司的精准管控水平。

（4）MSS 与信息管理技术的集成

新一代 MSS 一方面要实现管理思想到企业管理的集成，另一方面要实现 MSS 自身内部之间、MSS 与其他应用系统之间的集成。第一方面集成的目的是实现管理思想、管理方法与管理系统之间的应用互动。第二方面的集成主要实现 MSS 与其他功能系统之间的集成。

总之，未来管理支撑系统的发展方向和趋势是进一步和电子商务、客户关系管理、供应链管理等其他企业应用系统进行整合，向集约化、一体化方向发展，灵活高效地支撑企业的各项管理工作。

思 考 题

1. 简述 ERP 系统的主要作用。

2. 简述 SCM 系统的主要作用。

3. 简述 OA 系统的主要作用。

4. 简述 MSS 中项目管理、供应链管理、财务管理、人力资源管理、知识管理和协同办公系统的主要功能。

5. 简要分析 MSS 的内外接口关系。

6. 简述 MSS 的发展趋势。

第 5 章
大数据和云计算在 IT 系统中的应用

5.1　大数据概述

5.1.1　大数据起源、概念与特征

5.1.1.1　大数据起源

　　大数据的应用和技术是在互联网快速发展中诞生的，起点可追溯到 2000 年前后。当时互联网网页爆发式增长，每天新增约 700 万个网页，到 2000 年年底，全球网页数达到 40 亿，用户检索信息越来越不方便。谷歌等公司率先建立了覆盖数 10 亿网页的索引库，开始提供较为精确的搜索服务，大大提升了人们使用互联网的效率，这是大数据应用的起点。当时搜索引擎要存储和处理的数据，不仅数量之大前所未有，而且以非结构化数据为主，传统技术无法应对。为此，谷歌提出了一套以分布式为特征的全新技术体系，即后来陆续公开的分布式文件系统（Google File System，GFS）、分布式并行计算（MapReduce）和分布式数据库（BigTable）等，以较低的成本实现了之

前技术无法达到的规模。这些技术奠定了当前大数据技术的基础，可以认为是大数据技术的源头。

伴随着互联网产业的崛起，这种创新的海量数据处理技术在电子商务、定向广告、智能推荐、社交网络等方面得到应用，取得巨大的商业成功。这启发全社会开始重新审视数据的巨大价值，于是金融、电信等拥有大量数据的行业开始尝试这种新的理念和技术，取得初步成效。与此同时，业界也在不断对谷歌提出的技术体系进行扩展，使之能在更多的场景下使用。2011 年，麦肯锡、世界经济论坛等知名机构对这种数据驱动的创新进行了研究总结，随即在全世界掀起了一股大数据热潮。

5.1.1.2 大数据定义

虽然大数据已经成为全社会热议的话题，但到目前为止，"大数据"尚无公认的统一定义。

按照 NIST 研究报告的定义，大数据是用来描述在网络的、数字的、遍布传感器的、信息驱动的世界中呈现出数据泛滥的常用词语，大量数据资源为解决以前不可能解决的问题带来了可能性。

按照 Gartner 的定义，大数据是需要新处理模式才能具有更强决策力、洞察发现力和流程优化能力的海量、高增长率和多样化的信息资产。

认识大数据，要把握"资源、技术、应用"三个层次。大数据是具有体量大、结构多样、时效强等特征的数据；处理大数据需采用新型计算架构和智能算法等新技术；大数据的应用强调以新的理念应用于辅助决策、发现新的知识，更强调在线闭环的业务流程优化。因此说，大数据不仅"大"，而且"新"，是新资源、新工具和新应用的综合体。

5.1.1.3 大数据特征

目前，业内对于大数据特征的研究主要集中在"3V"、"4V"两种，归纳起来，可以分为规模、变化频度、种类和价值密度 4 个维度。研究机构

IDC 定义了大数据的四大特征：海量的数据规模、快速的数据流转和动态的数据体系、多样的数据类型和巨大的数据价值。

大数据的"4V"特征具体解释如下。

数量（Volume）：聚合在一起供分析的数据规模非常庞大。谷歌执行董事长艾瑞特·施密特曾说，现在全球每两天创造的数据规模等同于从人类文明至 2003 年间产生的数据量总和。"大"是相对而言的概念，对于搜索引擎，EB 属于比较大的规模，但是对于各类数据库或数据分析软件而言，其规模量级会有比较大的差别。

多样性（Variety）：数据形态多样，从生成类型上分为交易数据、交互数据、传感数据；从数据来源上分为社交媒体、传感器数据、系统数据；从数据格式上分为文本、图片、音频、视频、光谱等；从数据关系上分为结构化、半结构化、非结构化数据；从数据所有者的角度分为公司数据、政府数据、社会数据等。

速度（Velocity）：一方面是数据的增长速度快，另一方面是要求数据访问、处理、交付等速度快。美国的马丁·希尔伯特认为，数字数据储量每 3 年就会翻 1 倍。人类存储信息的速度比世界经济的增长速度快 4 倍。

价值（Value）：尽管拥有大量数据，但是发挥价值的仅是其中非常小的部分，大数据背后潜藏的价值巨大。美国社交网站 Facebook 有 10 亿用户，网站对这些用户信息进行分析后，广告商可根据结果精准投放广告。对广告商而言，10 亿用户的数据价值上千亿美元。据资料报道，2012 年运用大数据的世界贸易额已达 60 亿美元。

5.1.2　大数据技术体系与关键技术

5.1.2.1　大数据对传统数据处理技术体系提出挑战

大数据来源于互联网、企业系统和物联网等信息系统，经过大数据处理

105

系统的分析挖掘，产生新的知识用以支撑决策或业务的自动智能化运转。从数据在信息系统中的生命周期看，大数据从数据源经过分析挖掘到最终获得价值，一般需要经过 5 个主要环节，包括数据准备、数据存储与管理、计算处理、数据分析和知识展现，大数据处理系统技术体系如图 5-1 所示，每个环节都面临不同程度的技术上的挑战。

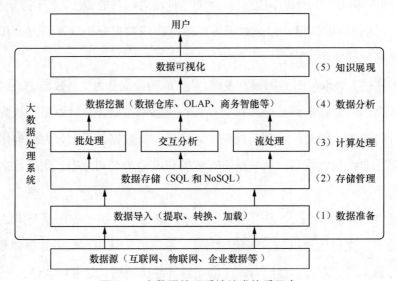

图 5-1　大数据处理系统技术体系示意

数据准备环节：在进行存储和处理之前，需要对数据进行清洗、整理，在传统数据处理体系中称为 ETL（Extract、Transform、Load）过程。与以往数据分析相比，大数据的来源多种多样，包括企业内部数据库、互联网数据和物联网数据，不仅数量庞大、格式不一，质量也良莠不齐。这就要求数据准备环节一方面要规范格式，便于后续存储管理，另一方面要在尽可能保留原有语义的情况下去粗取精、消除噪声。

数据存储与管理环节：当前全球数据量正以每年超过 50% 的速度增长，存储技术的成本和性能面临非常大的压力。大数据存储系统不仅需要以极低的成本存储海量数据，还要适应多样化的非结构化数据管理需求，具备数据格式上的可扩展性。

计算处理环节：需要根据处理的数据类型和分析目标，采用适当的算法模型，快速处理数据。海量数据处理要消耗大量的计算资源，对于传统单机或并行计算技术来说，速度、可扩展性和成本都难以适应大数据计算分析的新需求。分而治之的分布式计算成为大数据的主流计算架构，但在一些特定场景下的实时性还需要大幅提升。

数据分析环节：数据分析环节需要从纷繁复杂的数据中发现规律、提取新的知识，是大数据价值挖掘的关键。传统数据挖掘对象多是结构化、单一对象的小数据集，挖掘更侧重根据先验知识预先人工建立模型，然后依据既定模型进行分析。对于非结构化、多源异构的大数据集的分析，往往缺乏先验知识，很难建立显式的数学模型，这就需要发展更加智能的数据挖掘技术。

知识展现环节：在大数据服务于决策支撑的场景下，以直观的方式将分析结果呈现给用户，这是大数据分析的重要环节，如何让复杂的分析结果易于理解是主要挑战。在嵌入多业务的闭环大数据应用中，一般是由机器根据算法直接应用分析结果而无需人工干预，这种场景下知识展现环节则不是必需的。

5.1.2.2　大数据关键技术

总的来看，大数据对数据准备环节和知识展现环节来说只是量的变化，并不需要根本性的变革。但大数据对数据分析、计算和存储三个环节影响较大，需要对技术架构和算法进行重构，这是当前和未来一段时间大数据技术创新的焦点。

（1）大数据存储管理技术

数据的海量化和快增长特征是大数据对存储技术提出的首要挑战。这要求底层硬件架构和文件系统在性价比上要大大高于传统技术，并能够弹性扩展存储容量。但以往网络附着存储系统（NAS）和存储区域网络（SAN）等体系，存储和计算的物理设备分离，它们之间要通过网络接口连接，这导致在进行数据密集型计算（Data Intensive Computing）时，I/O 容易成为瓶颈。同时，传统的单机文件系统（如 NTFS）和网络文件系统（如 NFS）要求一个文件系统的数据必须存储在一台物理机器上，且不提供数据冗余性，可扩展性、容错能力和并发读写能力难以满足大数据的需求。谷歌文件系统（GFS）和 Hadoop 分布式文件系统（Hadoop Distributed File System，HDFS）奠定了大数据存储技术的基础。与传统系统相比，GFS/HDFS 将计算和存储节点在物理上结合在一起，从而避免在数据密集计算中易形成的 I/O 吞吐量的制约。同时这类分布式存储系统的文件系统也采用了分布式架构，能达到较高的并发访问能力。存储架构的变化如图 5-2 所示。

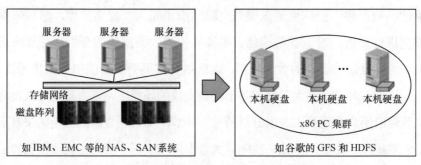

图 5-2   大数据存储结构的变化示意

当前随着应用范围不断扩展，GFS 和 HDFS 也面临瓶颈。虽然 GFS 和 HDFS 在大文件的追加（Append）写入和读取时能够获得很高的性能，但随机访问（Random Access）、海量小文件的频繁写入性能较低，因此其适用范围受限。业界当前和下一步的研究重点主要是在硬件上基于 SSD 等新型存储介质的存储体系架构，同时对现有分布式存储的文件系统进行改进，以提高随机访问、海量小文件存取等性能。

大数据对存储技术提出的另一个挑战是多种数据格式的适应能力。格式多样化是大数据的主要特征之一，这就要求大数据存储管理系统能够适应对各种非结构化数据进行高效管理的需求。数据库的一致性（Consistency）、可用性（Availability）和分区容错性（Partition-Tolerance）不可能都达到最佳，在设计存储系统时，需要在 C、A、P 三者之间做出权衡。传统关系型数据库管理系统（RDBMS）以支持事务处理为主，采用了结构化数据表的管理方式，为满足强一致性（C）要求而牺牲了可用性（A）。

为大数据设计的新型数据管理技术，如谷歌 BigTable 和 Hadoop HBase 等非关系型数据库（Not only SQL，NoSQL），通过使用"键 - 值（Key-Value）对"、文件等非二维表的结构，具有很好的包容性，适应了非结构化数据多样化的特点。同时，这类 NoSQL 数据库主要面向分析型业务，一致性要求可以降低，只要保证最终一致性即可，给并发性能的提升让出了空间。谷歌公司在 2012 年推出 Spanner 数据库，通过原子钟实现全局精确时钟同步，可在全球任意位置部署，系统规模为 100 万～ 1000 万台机器。Spanner 能够提供较强的一致性，还支持 SQL 接口，代表了数据管理技术的新方向。整体来看，未来大数据的存储管理技术将进一步把关系型数据库的操作便捷性特点和非关系型数据库灵活性的特点结合起来，研发新的融合型存储管理技术。

（2）**大数据并行计算技术**

大数据的分析挖掘是数据密集型计算，需要巨大的计算能力。与传统"数据简单、算法复杂"的高性能计算不同，大数据的计算是数据密集型计算，对计算单元和存储单元间的数据吞吐率要求极高，对性价比和扩展性的要求也非常高。传统依赖大型机和小型机的并行计算系统不仅成本高，数据吞吐量也难以满足大数据要求，同时靠提升单机 CPU 性能、增加内存、扩展磁盘等实现性能提升的纵向扩展（Scale Up）方式也难以支撑平滑扩容。

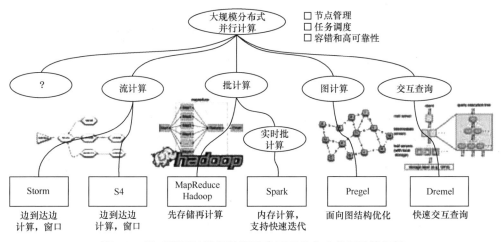

图 5-3　针对不同计算场景发展出不同分布式并行计算框架

谷歌在 2004 年公开的 MapReduce 分布式并行计算技术，是新型分布式计算技术的代表。一个 MapReduce 系统由廉价的通用服务器构成，通过添加服务器节点可线性扩展系统的总处理能力（Scale Out），在成本和可扩展性上都有巨大的优势。谷歌的 MapReduce 是其内部网页索引、广告等核心系统的基础，之后出现的开源实现 Apache Hadoop MapReduce 是谷歌 MapReduce 的开源实现，目前已经成为目前应用最广泛的大数据计算软件平台。MapReduce 架构能够满足"先存储后处理"的离线批量计算（Batch Processing）需求，但也存在局限性，最大的问题是时延过大，难以适用于机器学习迭代、流处理等实时计算任务，也不适合针对大规模图数据等特定数据结构的快速运算。为此，业界在 MapReduce 基础上，提出了多种不同的并行计算技术路线，如图 5-3 所示。如 Yahoo 提出的 S4 系统、Twitter 的 Storm 系统是针对"边到达边计算"的实时流计算（Real Time Streaming Process）框架，可在一个时间窗口内对数据流进行在线实时分析，这已经在实时广告、微博等系统中得到应用。谷歌 2010 年推出的 Dremel 系统，是一种交互分析（Interactive Analysis）引擎，几秒钟就可完成 PB（1PB=1015B）级数据查询操作。此外，还出现了将 MapReduce 内存化以提高实时性的 Spark 框架，针对大规模图数据进行优化的 Pregel 系统等。

针对不同计算场景建立和维护不同计算平台的做法，硬件资源难以复用，管理运维也很不方便，研发适合多种计算模型的通用架构成为业界的普遍诉求。为此，Apache Hadoop 社区在 2013 年 10 月提出的 Hadoop 2.0 中推出了新一代的 MapReduce 架构。新架构的主要变化是将旧版本 MapReduce 中的任务调度和资源管理功能分离，形成一层与任务无关的资源管理层（YARN）。如图 5-4 所示，YARN 对下负责物理资源的统一管理，对上可支持批处理、流处理、图计算等不同模型，为统一大数据平台的建立提供了新平台。基于新的统一资源管理层，开发适应特定应用的计算模型，仍将是未来大数据计算技术发展的重点。

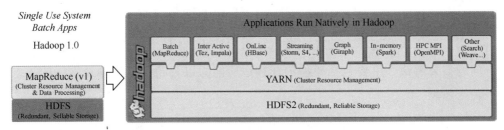

图 5-4　Hadoop 2.0 将资源管理和任务调度分离

（3）大数据分析技术

在人类全部数字化数据中，仅有非常小的一部分（约占总数据量的
1%）数值型数据得到了深入分析和挖掘（如回归、分类、聚类），大型互
联网企业对网页索引、社交数据等半结构化数据进行了浅层分析（如排
序），占总量近 60% 的语音、图片、视频等非结构化数据还难以进行有效
分析。

大数据分析技术的发展需要在两个方面取得突破，一是对体量庞大的结
构化和半结构化数据进行高效率的深度分析，挖掘隐性知识，如从自然语言
构成的文本网页中理解和识别语义、情感、意图等；二是对非结构化数据进
行分析，将海量复杂多源的语音、图像和视频数据转化为机器可识别的、具
有明确语义的信息，进而从中提取有用的知识。

目前的大数据分析主要有两条技术路线，一是凭借先验知识人工建立数
学模型分析数据，二是通过建立人工智能系统，使用大量样本数据进行训练，
让机器代替人工获得从数据中提取知识的能力。由于占大数据主要部分的非
结构化数据，往往模式不明且多变，因此难以靠人工建立数学模型去挖掘深
藏其中的知识。

通过人工智能和机器学习技术分析大数据，被业界认为具有很好的前景。
2006 年谷歌等公司的科学家根据人脑认知过程的分层特性，提出增加人工神
经网络层数和神经元节点数量，加大机器学习的规模，构建深度神经网络，
可提高训练效果，并在后续试验中得到证实。这一事件引起工业界和学术界
高度关注，使得神经网络技术重新成为数据分析技术的热点。目前，基于深

度神经网络的机器学习技术已经在语音识别和图像识别方面取得了很好的效果。但未来深度学习要在大数据分析上广泛应用，还有大量理论和工程问题需要解决，主要包括模型的迁移适应能力以及超大规模神经网络的工程实现等。

5.1.3　互联网企业大数据应用与平台解决方案

5.1.3.1　互联网企业大数据应用介绍

大数据应用和技术兴起于互联网行业，其中谷歌引领着大数据技术和应用发展。

当前谷歌每天处理的搜索量超过 30 亿次，每秒回答 3.4 万个问题，能够实现 0.25s 搜索出结果；谷歌大数据应用包括用户情绪分析、交易欺诈分析、产品推荐、客户流失预测等。据称，大数据已经给 Google 带来每天 2300 万美元的收入。谷歌的各类应用提供的服务见表 5-1。

表 5-1　Google 大数据应用举例

Google 的应用	提供的服务
基于 MapReduce 的传统应用	数据存储、数据分析、日志分析
基于 Dremel 的 BigQuery 应用	互联网检索服务、在线数据分析服务
基于搜索统计算法的应用	搜索引擎的输写纠错、统计型机器翻译等服务
趋势图、"Brand Lift in Adwords" 等应用	理解社会热点，帮助广告客户分析和评估其广告活动的效率
Google Instant 应用	对用户输入的关键词预测可能的搜索结果

国内互联网企业 BAT（百度、阿里、腾讯）走在大数据应用的前列。

阿里小微金融，利用淘宝、天猫商户的成交额、信用记录等结构化数据，用户评论等非结构化数据，加上外部搜集的用电量、银行信贷等数据，建立信用评估模型，用于放贷与否、放贷额度的精准决策，弥补银行业在贷款风险上的盲点，几分钟之内可发放贷款，不良率仅为 0.78%。截至 2014 年 2 月底，阿里小微信贷已经累计为超过 70 万家小微企业解决融资问题，累计投放贷款超过 1700 亿元。阿里正在搭建开放的数据平台，引入更多数据，与阿里体系内的金融、地图、SNS、交易等多种数据相交汇，产生出更多价值。

腾讯"广点通"效果营销平台，运用大数据技术，对腾讯大社交平台的海量用户数据进行分析挖掘，实现精准的广告推荐；后台的实时推荐引擎处理能力实现日请求 100 多亿，日推荐 10000 多亿，推荐延迟在 50ms 以内，模型推送延迟为分钟级。

5.1.3.2　互联网企业大数据平台解决方案示例

大型互联网企业大数据平台解决方案常采用基于 Hadoop 等开源生态产品自主研发。阿里基于阿里飞天计划构建大数据平台，对外提供大数据服务。通过 ODPS 在线服务，小型公司花几百元即可分析海量数据。阿里平台数据种类多，包括交易、金融、SNS、地图、生活服务等多种类型的数据，平台对外支持阿里小微金融、淘数据、数据魔方等开放式大数据应用。平台单集群规模超过 5000 台服务器；调度任务数达数万，总 Job 数达数十万，总执行时间达万小时，逻辑存储百 PB、日增百 TB。ODPS 可在 6h 内处理 100PB 数据。平台采用业界领先的技术架构，基于开源产品自主研发。分布式文件系统、资源管理与调度、集中监控与部署、安全管理、数据开发平台、数据同步平台等关键部件均已成型、产品化；大平台支持多集群架构，支撑离线计算、在线计算、流计算、图计算等多计算框架，支持多租户架构。

阿里大数据平台功能架构和技术架构如图 5-5 和图 5-6 所示。

图 5-5　阿里大数据平台功能架构示意

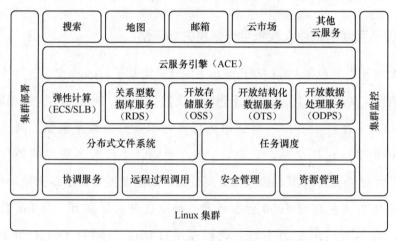

图 5-6　阿里大数据平台技术架构示意

　　腾讯支撑内外部大数据应用的海量数据处理平台，包括三大核心平台：TDW 海量数据存储与计算平台、TRC 实时计算平台、TDBANK 数据采集与分发平台，总体功能架构如图 5-7 所示。腾讯海量数据处理平台同样基于开源产品自主研发。

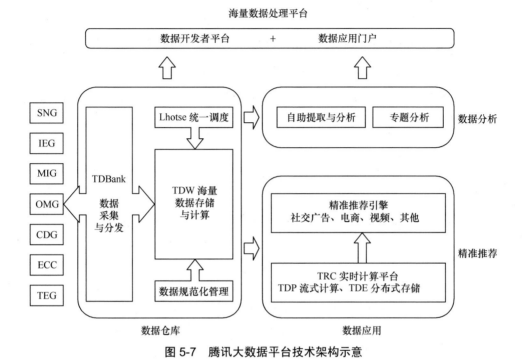

图 5-7　腾讯大数据平台技术架构示意

▌5.2　大数据技术在运营商 IT 支撑系统中的应用▌

5.2.1　大数据对运营商的机遇与挑战

电信运营商掌握丰富的用户身份数据、业务数据、网络行为数据和位置数据，数据的海量性、多元性和实时性使其具有经营大数据的先天优势。运营商大数据资源示意如图 5-8 所示。

近几年来，大数据以排山倒海之势席卷全球，如何合理地将大数据转换为有价值信息成为未来企业的必备技能。作为拥有丰富大数据资源的电信运营商，大数据浪潮既提供了巨大的机遇，也带来了巨大的挑战。

　　一方面互联网技术不断发展，移动互联网时代迅速到来，加剧了 OTT 业务对电信业务的挑战。电信运营商面临长期的量收剪刀差，收入增长乏力，更迫切地需要开源（创新商业模式、新产品）、节流（提升精确管理水平、精准营销能力、运营效率），使得大数据的广泛应用有着迫切的内在需求驱动。

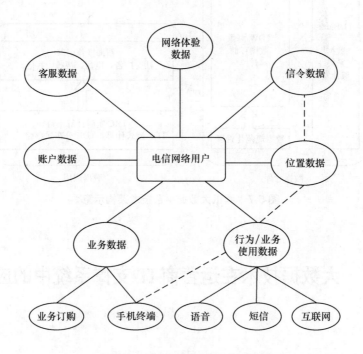

图 5-8　运营商大数据资源示意

　　另一方面，大数据的 4V 特性，对运营商的 IT 系统技术架构和管理模式都提出了巨大的挑战。移动互联网发展趋势、海量数据处理和分析需求、互联网化战略的推进，对运营商 IT 系统架构在敏捷性、开放性、可扩展性、低成本等方面提出了新的要求。同时，大数据应用的规模效应、技术复杂性和管控要求等也对大数据系统集约化建设和运营提出了要求。

5.2.2　运营商大数据应用现状与展望

5.2.2.1　运营商大数据应用现状概述

目前主要的电信运营商都已积极探索开发其大数据资源。从目前的应用发展看，电信运营商的大数据应用主要集中于支持内部的客户流失分析、营销分析和网络优化分析等，对外的应用模式正处于探索与试点推广阶段。

国外行业领先运营商已积极探索数据变现。AT&T 公司成立了自己的广告公司 Adworks，提供"三屏融合"的广告业务。Telefonica 公司推广包月流量套餐定制（根据客户访问内容和 SLA 要求，提供不同费率套餐），并提供基于通信用户数据的深度分析和洞察，为社会治理、企业生产经营提供客流分析、店铺选址等应用。Verizon 公司将数据匿名、聚合后，在不违反隐私政策前提下直接对外提供数据服务，并提供基于大数据的精确营销洞察服务、咨询服务（包括解决方案服务和商业数据分析服务）。TMobile 公司通过将社交媒体数据和 CRM、计费系统中的交易数据进行综合分析，更准确地预测客户流失率。

大数据兴起以来，国内各运营商紧密跟进大数据技术发展，纷纷推出了各自的大数据发展战略，并积极试点和推广大数据应用。中国移动基于大云平台，以经分为切入点，利用现有数据，探索大数据技术；以"大数据超细分"为抓手，开展营销服务体系转型，推进"微营销"、加速"精服务"。中国联通在数据大集中基础上开展流量清单查询，避免因客户拒绝缴纳流量费造成的损失；探索基于大数据的精确营销洞察服务，如图 5-9 所示；搭建广告 DMP，试点 RTB 广告业务。中国电信试点大数据技术，提升现有数据分析能力，探索大数据应用刻画用户行为，支撑流量经营，搭建广告 DMP，试点 RTB 广告业务。

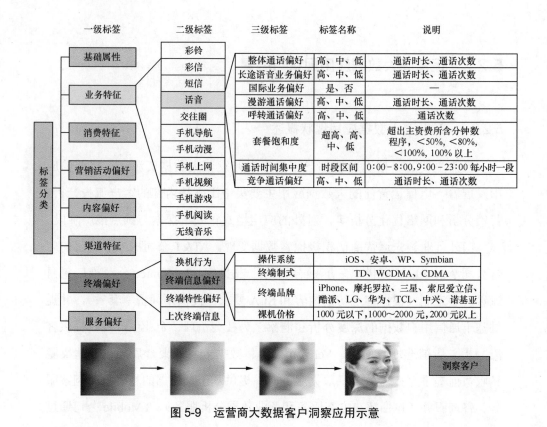

图 5-9　运营商大数据客户洞察应用示意

5.2.2.2　运营商大数据应用整体展望

电信运营商大数据具有广阔的应用前景。电信运营商具有用户的账户数据、业务使用数据和行为数据，以及位置、网络体验、客户等数据，通过对这些数据进行加工处理、分析挖掘，可实现对内部提供面向企业内部的客户行为和消费特征的分析挖掘，实现精准分析、精确营销、精细服务、精准运营等数据应用业务需求。对外通过与广告行业、实地销售行业、金融行业、咨询行业等多种行业进行合作，提供大数据解决方案、数据分析与咨询服务、数据能力开放服务等，快速实现大数据资产的增值，提高企业经营效益和市场竞争能力，如图 5-10 所示。

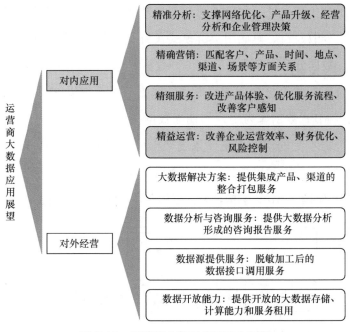

图 5-10　运营商大数据应用方向展望

5.2.3　运营商 IT 支撑系统中的大数据技术应用

大数据技术在运营商 IT 支撑系统中的应用主要包括两个方面：一方面引入大数据技术解决传统数据仓库处理能力不足问题；另一方面构建新型大数据平台支撑大数据应用。

5.2.3.1　支撑系统中大数据技术应用现状概述

从应用场景角度分析，当前国内各运营商大数据应用仍主要以内部应用为主。分布式联机日志采集 / 存储、分布式 ETL、上网清单查询和历史数据查询等较简单的应用场景已较普遍和成熟；网络运营分析、流量经营分析和用户行为分析等分析型应用场景正处于试点推广阶段。

从建设模式角度分析，当前各运营商大数据类平台建设除少量系统采用集约化、平台化建设外，如联通总部流量查询平台、移动北方基地大数据平台等，多为分散建设、单应用集群模式（为单个应用部署一个大数据集群）、专业区隔、数据分散（各集群存储单一数据源）。

从系统架构角度分析，运营商传统数据分析系统以 SMP 关系型数据库和一体机等 MPP 数据库为主，初期大数据技术引入主要用于解决传统数据仓库处理能力不足的问题，整体系统架构采用混搭模式。Hadoop 等新型大数据技术主要应用于简单场景和基础数据处理，复杂的数据分析仍主要基于传统的 SMP 架构和 MPP 架构，某省级运营商 EDA 总体架构如图 5-11 所示。

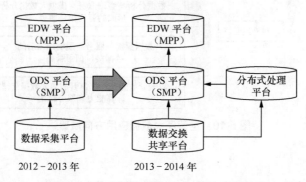

图 5-11　某省级运营商 EDA 架构演进示意

5.2.3.2　存在问题及发展要求

当前大数据系统建设模式与系统架构存在缺乏大数据整体规划、技术体系杂乱、容易形成数据孤岛、整体运维困难和容易重复投资等缺点。新形势下，随着大数据应用的推进，大数据平台需要面向企业内外部提供大数据服务，系统需要向共享的大数据中心和开放的大数据能力平台演进，如图 5-12 所示。

- 大数据单应用集群：为单个应用部署一个大数据集群；存储单一数据源，提供单个应用所需要的计算能力；建设和运维简单，主要管理 CPU、内存、磁盘、网络等各种底层软硬件资源。

- 共享大数据中心：为多部门、多应用提供公共的存储和计算能力；

实现多数据源整合和数据共享，提供各种应用所需要的基础计算能力和编程模型；实现多租户管理模式，实现用户和应用的资源逻辑隔离，避免冲突和竞争。

- 大数据单应用集群
- 为单个应用部署一个大数据集群
- 存储单一数据源，提供单个应用所需要的计算能力
- 建设和运维简单，主要管理 CPU、内存、磁盘、网络等各种底层软硬件资源

- 共享大数据中心
- 为多部门、多应用提供公共的存储和计算能力
- 实现多数据源整合和数据共享，提供各种应用所需要的基础计算能力和编程模型
- 实现多租户管理模式，实现用户和应用的资源逻辑隔离，避免冲突和竞争

- 开放的大数据能力平台
- 大数据作为服务向内外部用户开放
- PaaS：提供大数据存储 / 计算资源
- DaaS：提供个性化推荐、行业分析、实时位置营销等服务
- 使用资源的动态分配、计量和计费，支持数据服务和产品的经营管理

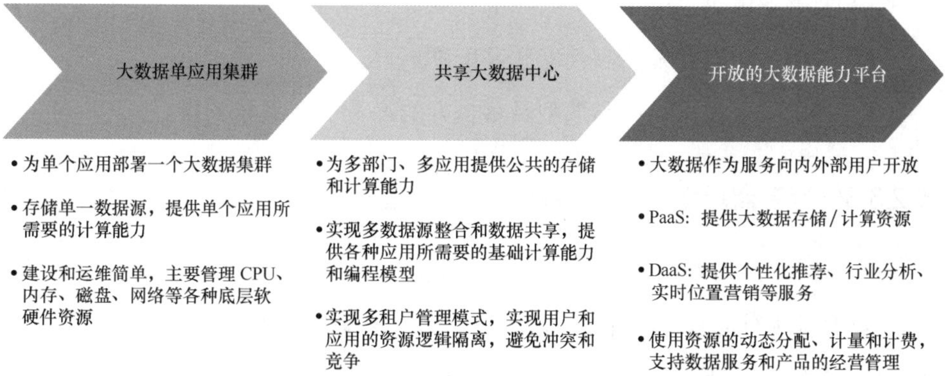

图 5-12　大数据平台演进示意

- 开放的大数据能力平台：大数据作为服务向内外部用户开放；PaaS（Platform as a Service，平台服务）提供大数据存储 / 计算资源；DaaS（Data as a Service，数据服务）提供个性化推荐、行业分析、实时位置营销等服务；使用资源的动态分配、计量和计费，支持数据服务和产品的经营管理。

运营商共享化、开放式大数据平台必须具备以下特性。

- 集约化：数据集约，汇聚企业各专业数据，发挥大数据优势；平台集约，由统一平台支撑大数据资产管理；应用集约，应用整体规划与集约管控。

- 开放架构体系：面向服务，对内、对外提供数据共享与数据服务开放能力。

- 提供多计算框架支持的 PaaS：支持离线批量处理、流式处理、在线处理和交互式探索等多种计算框架；提供多租户管理模式下的 PaaS。

- 提供标准化、组件化的 DaaS：基础数据处理和业务处理能力组件化，支持服务能力流程化、可视化配置与封装；面向应用，提供个性化

推荐、实时位置营销等数据服务支撑。

- 平台统一管控：包括整体计算框架的管理，任务工作流的灵活管理和调度，平台基础资源管理，平台统一监控与告警方案，应用快速部署支撑等。

- 低成本、高并发、高性能和高可扩展性。

- 基础平台技术、产品选型具备良好的产业生态系统支持。

5.2.3.3 运营商新型大数据基础平台技术趋势

如前所述，随着运营商集约化、互联网化等策略的推进，大数据平台面临的数据处理体量急剧增长。以某运营商平台为例，其 2015 年面临的数据处理需求在日增量 150TB 以上；同时为满足各部门多样化的对内、对外大数据经营需求，平台需要支撑批量和实时处理等多种计算场景需求。面对如此庞大的数据规模和支撑需求，典型解决方案对比见表 5-2。

表 5-2 大数据基础平台典型技术方案对比

方案	方案特点
SMP、MPP 数据仓库	<ul><li>传统 SMP、MPP 数据仓库难以支撑海量数据处理要求；</li><li>新型商业 MPP 解决方案（如 EMC Pivotal 和 HP Vertica 等）具备良好的线性可扩展性，但仍存在瓶颈，且大规模部署案例较少；</li><li>多计算模式场景支持不灵活；</li><li>投资成本高</li></ul>
SMP /MPP 数据仓库为主体+Hadoop	<ul><li>早期运营商通常使用方案，应用以 SMP/MPP 数据仓库为核心，Hadoop 通常只承担简单的数据处理工作；</li><li>难以满足对外、对内数据共享服务需求；</li><li>多计算模式场景支持不灵活，容易出现数据孤岛；</li><li>投资成本较高</li></ul>
以 Hadoop 为核心的解决方案	<ul><li>已成为大型互联网企业的标准方案，运营商已具备较丰富 Hadoop 经验；</li><li>以扩充的 Hadoop 生态系统为基石，支持统一承载批量，交互、实时等多种计算模式，在 SQL 等场景已无明显瓶颈；</li><li>现有商业 SMP、MPP 数据仓库不再需要大规模扩容；</li><li>成本低</li></ul>

综上，未来运营商大规模的大数据平台建议采用以 Hadoop 为大数据处

理核心的新型融合化技术方案，现有传统数据仓库、MPP 数据仓库可作为大数据平台的数据服务对象，主要专注高价格密度数据分析应用。对于中小规模的大数据平台可采用传统解决方案与新型解决方案相结合的方案。

5.3　云计算在运营商 IT 系统中的应用

5.3.1　云计算概述

云计算是传统 IT 领域和通信领域不断交融、技术进步、需求推动和商业模式转换共同促进的结果，它以开放的标准和服务为基础，以互联网为中心，提供安全、快速、便捷的数据存储和网络计算服务。云计算具有按需的自助服务、广泛的网络接入、池化的资源、快速弹性、可度量的服务 5 种基本特征。

云计算按提供的服务类型可分为 IaaS（Infrastructure as a Service，基础设施即服务）、PaaS（Platform as a Service，平台即服务）、SaaS（Software as a Service，软件即服务）3 种模式；按云服务的对象可分为公有云、私有云、混合云。

5.3.2　运营商 IT 支撑系统应用云计算技术驱动力

IT 支撑系统是电信运营商的重要组成部分，是运营商实现差异化竞争的重要技术手段。目前国内电信运营商 IT 支撑系统的部署呈现出集中化的趋势，并且集中化的必要性越来越迫切。在原来分散在地市的背景下，运营商已经完成了省级 IT 支撑系统的集中化改造。实践表明，支撑系统的集中化建设能够大幅度降低企业的运营成本、实现高水平的客户服务、提供低成本的服务产品。在进一步优化 IT 系统的组织架构和流程的基础上，将一些 IT 系统在省际集中乃至全国集中的趋势已经初现端倪。进一步的集中化，能够集中企业的支撑能力、服务能力和创新能力，实现企业 IT 能力的重点突破；同时，更高层次的集中易于实现低成本高效运行，易于打造企业内部专业化 IT 服务。

IT 支撑系统集中化建设后，随着规模的不断扩大，系统所需硬件资源越来越多，机器数量规模越来越庞大，占用面积越来越大。另一方面，目前运营商的支撑系统多采用传统的"烟囱式"架构模式，即按功能分为不同的子系统，根据不同需求独立地进行设计和建设，系统架构从应用、数据再到基础设施，都以烟囱式部署为主。这种系统架构模式的显著特点是纵向统一，系统内部建设一体化。

传统的建设模式将产生以下技术问题。

- 资源浪费问题：基于所谓的"烟囱式"建设模式，各个系统的资源固定，互为孤岛；各系统独自根据业务峰值规划系统资源需求，无法共享，设备利用率低。

- 部署周期问题：新业务的高速发展和层出不穷导致系统需要随需应变，而系统部署周期长，不能迅速响应业务需求，落后于市场开拓，规划建设面临频繁扩容的问题，运维、研发压力大。

- 扩展性问题：集中处理模式下，系统在大规模事务处理和海量数据分析场景下容易产生资源瓶颈，不易扩展。

- 异构环境问题：在系统建设中，为避免绑定供应商，采用的设备型号众多，形成异构环境，导致应用和数据的复制、迁移和备份复杂。

- 软件架构适应性问题：随着运营商面临的市场环境和技术环境变化，运营商对支撑系统的横向共通性要求也在不断提高。传统"烟囱式"软件架构已逐渐暴露出数据通用性不佳，建设周期长，无法快速满足业务支撑需求，缺乏动态适应市场变化和竞争需要能力等诸多弊端，已不能满足运营商业务发展的支撑需求。

基于云计算的概念和技术，将 IT 支撑系统"云化"，能够较好地解决上述问题。运营商 IT 支撑系统的云化能够打破孤岛，实现资源共享、动态调整，从而提高资源利用率、降低建设成本；能够提高运维效率，降低运维成本；能够建立新的资源规划使用模式，提高部署敏捷性，提高可扩展能力；通过支撑系统基础平台与应用能力服务化，可增强业务快速响应能力。支撑系统的云化是运营商应对竞争、创新发展的技术与管理变革。

5.3.3　运营商 IT 支撑系统云计算引入思路

对电信运营商 IT 支撑系统领域而言，云计算是个发展契机。通过整合现有的 IT 资源，构建统一的、云化的电信 IT 支撑系统基础架构，能够有效提升 IT 支撑系统的响应能力，降低企业 IT 投入成本。同时还能加快新业务创新、孵化和部署的速度，降低新业务的投入和运维成本，从而有效提高企业的竞争力。

出于技术限制与安全性考虑等因素，电信运营商的传统 IT 支撑系统解决方案大部分都独立部署，独占 IT 资源。运营商 IT 支撑系统云化可借助新型云计算技术，打破专业壁垒，构建以客户为中心的集中、开放、云化的 IT 架构，实现 IT 系统的云化转型。

目前，国内各运营商 IT 支撑系统建设均已大规模引入云计算技术，各运营商云计算应用主要集中在 IT 支撑系统的基础设施云化部署，部分运营商也正在试点推广以 IT 能力开放方式对内、对外提供 IT 能力服务。

借鉴云计算数据中心的的 IaaS、PaaS、SaaS 模式，云化的电信运营商 IT 支撑系统整体目标技术架构参考如图 5-13 所示。

- 门户 / 应用层：基于平台层和应用组件层服务能力，构建轻量化面向用户的应用；
- SaaS：应用能力组件化，应用与平台松耦合；统一云化的能力组件层对内对外开放；

- PaaS：基础平台能力服务化，向上层应用提供可调用的弹性计算服务和云化数据服务以及开放服务框架等能力；
- IaaS：利用虚拟化技术、分布式技术等进行整合 IT 基础设施，云化部署，向上按需提供高性能、高可用、高弹性的主机、存储、网络等资源，实现多套业务系统共享基础物理平台。

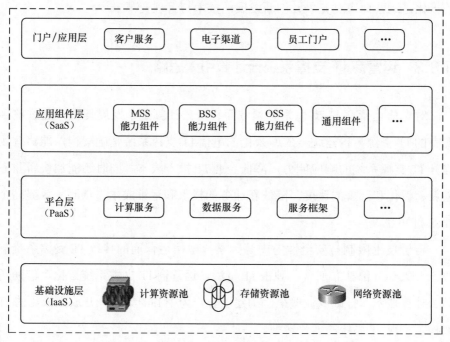

图 5-13　运营商 IT 支撑系统云化目标架构示意

由于电信业务和 IT 支撑系统的复杂性，电信支撑系统云化是一个逐步演进的长期过程。

5.3.4　运营商 IT 支撑系统云化推进

综合考虑运营商 IT 系统现状和 IaaS、PaaS、SaaS 实施难度，运营商 IT 支撑系统云化推进通常采用从基础设施云化到应用系统云化部署，再到应用平台本身 PaaS/SaaS 化重构的推进路径。

5.3.4.1　建设资源池，整合基础设施

资源池是支撑系统云化的基础，对外提供各类 IT 资源，包括计算资源、网络资源以及存储资源等。计算资源由物理机和虚拟机系统等提供，存储资源由对象存储系统、块存储系统和分布式文件存储系统等提供，网络资源包括虚拟防火墙资源、带宽资源等。计算资源、存储资源和网络资源之间相互协作提供完整的资源使用环境。

一个完整的资源池节点框架如图 5-14 所示。

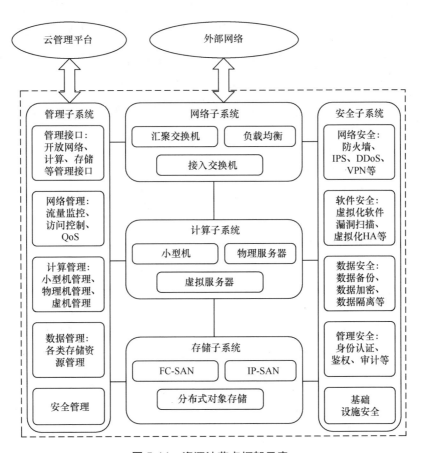

图 5-14　资源池节点框架示意

资源池由计算、存储、网络、安全和管理 5 个子系统构成。

- 计算子系统：主要由小型机集群、x86 物理服务器集群以及 x86 虚拟

服务器集群构成，向各类业务平台提供不同的计算承载。

- 存储子系统：与计算资源配合，为上层应用提供各类存储，如 FC-SAN、IP-SAN 等共享存储、分布式对象存储、离线磁带存储等，计算与存储资源之间通过不同类型网络（如 FC 网、以太网、IP 网）连接。

- 网络子系统：一般由接入层网络和核心层网络构成，接入层网络直接与计算和存储资源连接，核心层网络汇聚接入层网络，与外部网络连接。

- 安全子系统：由基础设施安全（机房等安全措施）、网络安全（如防火墙、IPS、访问控制、VPN 等）、软件安全（虚拟化软件漏洞、虚拟化 HA 等）、数据安全（数据备份、加密、隔离、剩余数据擦除等）、管理安全（身份认证、鉴权、审计等）等多层次的安全功能构成。

- 管理子系统：负责对资源池的各类资源（计算、存储、网络等）进行管理，并通过管理接口，与上层的统一资源管理平台对接，实现异构、跨节点资源的管理。

资源池建设应充分利用虚拟化技术。虚拟化就是把物理资源转变为逻辑上可以管理的资源，以打破物理结构间的壁垒实现资源的灵活调配及统一管理。

虚拟化是灵活应用资源池的关键。云计算数据中心的虚拟化一般包括三个方面的内容。

服务器虚拟化：服务器虚拟化对服务器计算资源进行抽象，在物理服务器上构建多个相互独立的虚拟机，从而将 CPU、内存、I/O 等服务器物理资源转化为一组统一管理、可灵活调度、动态分配的逻辑资源。

存储虚拟化：存储虚拟化将具体的存储设备或系统同服务器操作系统分隔开来，是具体存储设备或系统的抽象，将应用和用户所需要的数据存储操作和具体的存储控制分离，为存储用户提供统一的虚拟存储池。

网络虚拟化：通过路由器／交换机、防火墙等网络设备提供弹性公网 IP、带宽出租及虚拟防火墙、可迁移网络环境等功能。

5.3.4.2　运营商 IT 支撑系统改造与云化部署

（1）支撑系统传统解决方案技术架构特点

电信业务具有业务复杂且耦合性高（如跨产品、跨用户的捆绑）、业务需求多变需快速支撑、数据一致性及稳定性要求高等特点。因此，传统电信 IT 支撑系统解决技术架构往往具有如下特点：数据集中存储和处理，需依靠成熟关系型数据库支持复杂数据计算，保障交易完整性，提供较高性能和完善的管理能力；依靠中高端小型机和存储硬件设备提供高性能、高可靠性、高扩展性；功能开发快速满足业务需求为主。

（2）云化部署改造要求

为方便使用资源池与云化部署，要求对传统 IT 应用系统进行技术架构的标准化、升级改造。

标准化：异构的技术平台（操作系统、数据库、中间件、开发语言、技术架构、集成模式等）大大增加了资源池管理维护工作量，阻碍资源池发挥应有的效益，需要对技术平台进行标准化。新建应用系统应选择标准的环境，原有应用系统需要进行相应改造，适应标准化环境后再进行云化。

分层化：应用系统应具有清晰的 Web 层、应用层、数据库层分层架构，方便在云化环境中分区灵活配置部署、弹性伸缩。

集群化：应用系统各层要实现集群化部署，才能在云化环境中弹性伸缩。

数据库云化：应用系统不应一味依赖大型数据库，应探索试点数据库分片技术，实现数据库云化、水平扩展，彻底解决数据存储与处理能力的瓶颈。

（3）各类支撑平台云化部署适应性分析

基于云化部署对系统技术架构的改造要求分析有以下两个方面。

对于单个系统：终端层适合采用云桌面技术；Web 层、应用服务器层具备互联网访问特点，较容易实现分层化和集成化改造，适合优先采用云化部署模式，数据库服务器云化部署改造相对复杂、风险较大。

对于不同系统，从业务特点分析，有以下 4 种业务应用。

- 请求处理型应用（如订单受理、资料查询等请求处理型）：适合云化部署。
- 重复性任务应用（如话单采集、格式转换等简单、重复性计算）：适合云化部署。
- 复杂计算处理应用（数据模型、关联关系复杂、数据量大、I/O 大的核心系统数据库，计费等应用）：改造复杂，系统部署建议仍采用物理机方式，纳入资源池统一管理。
- 海量数据统计、查询、分析：经营分析、针对性营销、用户详单查询等，适合采用分布式云（如 Hadoop 为代表的云计算和大数据技术）。

综上，IT 系统的云化部署推进可采用先将各系统 Web 和应用服务器进行云化部署，再将重复任务应用类系统进行云化部署，然后再对核心系统数据库和核心应用改造进行云化部署的步骤进行推进。

5.3.4.3　重构 IT 系统软件，构建 PaaS/SaaS

IT 支撑系统云化提供 PaaS/SaaS 是个系统重构的过程，通常包括标准化、整合和集中化三个过程。

（1）标准化过程

IT 支撑系统向提供 PaaS/SaaS 演进，首先需要将软件系统进行标准化。PaaS 和 SaaS 的典型特点是提供具体应用部署所需的平台和服务，各类电信 IT 系统有一些功能是可以跨系统、跨省公司共享的，可以把这些模块甄别出来，基于相关国际标准规范、现有成熟软件及电信业务特点进行标准化，以及为了保障灵活性和适应性的参数化、模板化。

（2）整合过程

整合是集中化的前提步骤。存在两种不同性质的整合：跨应用整合和跨管理整合。同一管理域（如同省）内各种 IT 支撑系统的整合即为跨应用整合，跨管理域（如不同省）的同一领域 IT 支撑系统的整合即为跨管理整合。

（3）集中化过程

经过整合过程，再进一步识别出公共的子系统、公共的能力、公共的组件后，即可以实施集中化过程。集中化的实施应以虚拟化了的资源池为基础，运用云计算数据中心的 IaaS 概念和 PaaS、SaaS 概念进行。

IT 支撑系统的云化不是仅仅为了集中而云化，云化的过程应该有着明确的目标进行闭环控制，通过云化目标分析控制云化的规模和范围。一般云化的目标为"四升一降"，即资源利用率、可扩展性、业务部署速度、可靠性应该得到明显提升，系统总体成本应能下降。

5.3.4.4 运营商 IT 支撑系统云化推进的挑战

IT 支撑系统的云化是运营商应对竞争、创新发展的技术与管理变革，推进过程中需要应对技术和管理两方面的挑战。

（1）管理模式的挑战

传统 IT 系统的管理模式和云计算的管理模式在有些方面存在着天然的矛盾。云计算是强调集中化的优势以及应用平台资源的分层耦合管理，但是传统的 IT 系统管理和使用模式在某些方面和云计算的理念有不相适应的地方。云管理平台需要有专人负责操作和调度，PaaS 层能力需要有专人统一开发和维护，而在 SaaS 层依然可以像从前一样，不同的应用由不同的人员维护。由此可见，在实现"云化"改造以后，电信运营商的相关管理体系和组织架构需要根据云架构的具体需要做出调整。

另一方面，云计算行业近期处于快速增长阶段。这种爆发式的增长使得电信运营商在云计算工作开展中碰到的最大问题之一就是人才缺乏，人才的缺乏会制约云计算的发展，电信运营商需要在云计算方面培养和引进人才。

（2）技术的挑战

目前，云计算相关技术发展日新月异，部分新技术尚未形成统一的标准。各个云计算厂商和服务商都在各自为战，不同的云计算解决方案和产品之间有些缺乏互操作性。电信运营商需要根据自己的实际情况制订相应的标准，选择技术路线。同时如何实现业务能力的开放，建立统一开放的标准接口还有非常多的困难。

IT 支撑系统云化涉及现有系统的技术架构和系统功能重构，是一个庞大的系统工程，涉及电信业务流程、软硬件架构、软件开发等方面的诸多技术难题，对运营商存在巨大的技术挑战。

同时，IT 支撑系统云化后，安全成为比较突出的问题。潜在的风险有共享资源池可能引起的全局故障，多租户环境的安全隔离不完全，多系统共存和资源池的动态化导致的安全策略的复杂性，虚拟化技术带来的新安全威胁和入侵点，虚拟机的剩余信息保护，虚拟资源内部之间的安全管控等问题，这些安全问题都需要在云化过程中仔细处理。

思 考 题

1. 简述大数据对传统数据处理技术架构的挑战。
2. 简述大数据技术在 IT 支撑系统中应用的主要场景。
3. 简述 IT 系统云化的主要内涵。
4. 简述影响 IT 系统云化的主要技术因素。